贵州开放大学（贵州职业技术学院）学术专著出版资助项目

惯性传感器研究及应用

Research and Application of Inertial Sensors

赵焕玲 著

内容简介

本书以惯性传感器的基本原理和特点为内容,以基于微机电系统惯性传感器在无人机机载航空器中的实践应用为重点,总结了国内外惯性传感器技术的发展应用现状,分析了惯性传感器的静态、动态性能及其标定与测试以及不同角速度惯性传感器、加速度惯性传感器及其性能的标定与测试等,阐述了惯性姿态测量原理和角速度、加速度信号采集与处理技术以及误差模型与补偿。并分析研究了航向姿态测量原理、姿态算法、误差分析补偿以及各种环境试验分析。详细分析了基于微机电系统惯性传感器的无人机机载系统姿态测量工作原理、信号处理、系统误差模型分析补偿以及系统软件等。

本书可为从事惯性传感器和无人机机载系统惯性姿态测量等相关专业的科研和工程人员提供参考与借鉴。

图书在版编目(CIP)数据

惯性传感器研究及应用／赵焕玲著. -- 上海 : 上海交通大学出版社, 2025. 1 -- ISBN 978-7-313-31582-3

Ⅰ. TP212

中国国家版本馆 CIP 数据核字第 20248VY721 号

惯性传感器研究及应用

GUANXING CHUANGANQI YANJIU JI YINGYONG

著　　者：赵焕玲

出版发行：上海交通大学出版社

地　　址：上海市番禺路 951 号

邮政编码：200030

电　　话：021 - 64071208

印　　制：苏州市古得堡数码印刷有限公司

经　　销：全国新华书店

开　　本：710 mm×1000 mm　1/16

印　　张：11.75

字　　数：285 千字

版　　次：2025 年 1 月第 1 版

印　　次：2025 年 1 月第 1 次印刷

书　　号：ISBN 978 - 7 - 313 - 31582 - 3

电子书号：ISBN 978 - 7 - 89424 - 962 - 3

定　　价：68.00 元

前言

PREFACE

惯性传感器是测量飞行载体在惯性空间受到的惯性力及其加速度、角速度的传感器，广泛应用于航空航天惯性姿态测量、定位定向等领域。惯性传感器包含测量加速度的加速度计和测量角速度的陀螺仪。然而传统机械转子式陀螺仪、线加速度计等惯性传感器结构复杂、体积大、精度低、成本高，愈来愈不适应当今惯性姿态测量需要。随着微机电系统(micro-electro-mechanical system, MEMS)技术在惯性传感器技术中的融合应用，高集成、低成本、微型化的惯性传感器得到了深入应用与发展，可实现对无人机机载系统的姿态测量。

由于MEMS惯性传感器受温度、重力加速度等因素的影响，制约了惯性传感器的测量精度，所以在实际工程应用中，需要对基于MEMS惯性传感器姿态测量技术的算法、误差模型、补偿进行研究分析，在降低成本的同时，提升惯性传感器的测量精度，从而拓宽MEMS惯性传感器的应用领域。

目前，市场上有不少介绍惯性技术的图书，但针对基于MEMS惯性传感器的无人机机载系统的姿态测量应用的专著几乎没有。为此，作者结合工程实践撰写了此书，深入浅出地介绍了惯性传感器的原理与技术，以及MEMS惯性传感器在无人机机载系统姿态测量中的工程化应用。

本书共分为七章。

第1章介绍了惯性技术、惯性传感器的研究现状及发展。

第2章概述了惯性传感器静态特性、动态特性及其性能参数，以及惯性传感器主要性能参数的标定和测试。

第3章主要介绍角速度惯性传感器，并对航向陀螺仪、动力调谐陀螺仪、光纤陀螺仪、激光陀螺仪、MEMS硅微陀螺仪等角速度传感器的组成、工作原理及性能参数进行了较为详细的阐述;同时对角速度传感器的环境适应性试验进行了影响分析。

第 4 章主要介绍加速度惯性传感器,并对常用的石英挠性加速度计、MEMS 电容加速度计、MEMS 硅微加速度计的工作原理、性能参数进行了较为详细的阐述;同时对加速度传感器的环境适应性试验进行了影响分析。

第 5 章主要介绍惯性测量技术,同时介绍了实现飞行器载体惯性量测量所需的地心惯性坐标系、地理惯性坐标系以及系统坐标系等坐标系;并对角速度惯性量、加速度惯性量测量技术,角速度、加速度信息采集技术,信息处理技术以及误差模型与补偿等关键技术进行了阐述。

第 6 章主要介绍航向测量技术,并根据飞行器航向姿态测量需要,研究分析了航向姿态测量原理,航向姿态测量算法,航向姿态测量信息处理,航向姿态处理误差模型与补偿,航向姿态测量可靠性分析、热分析、电磁兼容性分析及环境试验等。

第 7 章主要介绍基于 MEMS 惯性传感器的无人机机载系统姿态测量技术,详细研究分析了姿态测量工作原理、姿态角算法、误差模型、系统误差分析补偿及信号处理以及系统软件。

此外,本书还提供了基于 MEMS 惯性传感器的无人机机载系统姿态测量系统软件代码的电子资源,读者可扫描二维码获取该代码。

本书是作者多年从事传感器教学,在企业开展惯性技术领域工程应用实践,以及对国内外惯性传感器技术、姿态测量技术的跟踪、研究及工程应用技术的总结。在著书过程中,对于惯性传感器,尤其是相关 MEMS 惯性传感器、惯性测量技术及航向姿态测量技术等,参考了部分院校、工程研究单位、研究人员的相关研究文献资料,在此向各位专家、学者表示谢意,如有冒昧与不当之处恳请谅解。本书也得到了惯性传感器技术、惯性技术领域的专家的审阅、指导与帮助,并获得了贵州开放大学(贵州职业技术学院)学术专著出版资助项目和 2023 年学术带头人专项经费的资助,在此一并表示衷心的感谢。

作　者

2024 年 10 月

目录

CONTENTS

第1章

惯性传感器技术概述

随着信息化技术的飞速发展，飞行器对姿态测量信息的需求与精度要求日益提高。惯性传感器是惯性姿态测量系统的核心部件，主要分为角速度惯性传感器和加速度惯性传感器。

角速度惯性传感器用于测量惯性系统角速度，包含各种工作原理的陀螺仪。目前，传统机电陀螺仪是工程应用精度最高的陀螺仪，但其结构尺寸较大，主要应用于战略核潜艇、战略导弹等战略级应用中。光学陀螺仪整体技术相对较为成熟，具有精度高、可靠性高的优点，基于高精度光学陀螺仪的惯性系统仍然是陆海空天等领域武器装备导航级应用的重要选择；同时，中低精度的光学陀螺仪在导弹武器和制导弹药等战术级领域也有广泛的应用。微机电陀螺仪体积小、质量小、功耗低且成本适中，但精度相对偏低，当下主要应用于军用战术级市场和工业市场[1]。

加速度惯性传感器用于测量系统加速度。目前，加速度惯性传感器主要包含各种工作原理的线加速度计、石英挠性加速度计、石英振梁加速度计及微机电加速度计等。加速度计基于质量块敏感力，由传感器、力矩器形成闭环反馈系统，以频率、电流等形式输出。在姿态测量系统中，使用加速度计测量系统的加速度，可获得系统飞行位移。

在惯性姿态测量系统中，角速度、加速度作为惯性量，是各种卫星、导弹、潜艇、油井测量系统和无人机机载系统等姿态测量系统的重要物理量。通常由陀螺仪惯性传感器实现系统角速度测量，由加速度计完成系统加速度测量，经惯性解算载体的航向、横滚、俯仰等姿态信息，通过信息处理，由通信接口输出至控制系统，然后飞行控制计算机发出指令驱动伺服执行机构，形成闭合测量控制回路，按飞行任务要求调整系统姿态。因此，陀螺仪、加速度计等惯性传感器是惯性姿态测量系统的核心组成部件，其测量精度直接影响系统的飞行控制、姿态测量精度。

1.1 惯性技术

惯性技术是用来实现运动物体姿态和运动轨迹控制的技术，包括惯性仪表、惯性系统、惯性制导与惯性测量等，是陆海空天现代武器装备实现导航定位、高精度控制、精准打击的核心技术，也是精确感知、智能敏感、数字地球、智慧中国不可或缺的运动信息获取与感知的核心技术，具有自主隐蔽、连续实时、信息丰富、无时空限制等优点。惯性导航技术是惯性技术的核心和发展标志，惯性导航系统利用陀螺仪和加速度计（统称为惯性仪表）同时测量载体运动的角速度和线加速度，并通过计算机实时解算出载体的三维姿态、速度、位置等导航信息。惯性导航系统有平台式和捷联式两类实现方案。平台式惯导系统有跟踪导航坐标系的物理平台，惯性仪表安装在平台上，对加速度计信号进行积分便可得到速度及位置信息。姿态信息由平台环架上的姿态角传感器提供，惯导平台可隔离载体角运动，因而能降低动态误差，精度高，便于实现自瞄准、自标定等功能。捷联式惯导系统没有物理平台，惯性仪表与载体直接固连，惯性平台功能由计算机软件实现，姿态角可通过计算得到。近年来，在国家火星探测、载人航天、探月工程、高分辨率对地观测系统、高超声速飞行器、大飞机、导航与位置服务、机器人等重大需求的牵引下[2]，惯性技术作为我国中长期科技发展规划多个重大专项的共性关键技术之一，在国家安全和国民经济建设领域具有重要的战略意义。惯性技术始终伴随着航天技术的进步不断发展，从最早参与航天器定姿与确定轨控速度增量，到特殊任务过程中惯性导航、微角振动测量，以及与其他敏感器联合组成复杂的组合导航系统，都有惯性技术的参与。

随着科学技术的进步，各种精度的激光陀螺仪、光纤陀螺仪、低成本硅微陀螺仪、石英挠性加速度计、石英振梁加速度计、MEMS 硅微加速度计等惯性传感器都完成了工程化并得到了广泛应用。高精度的原子陀螺仪也在不断发展，并在卫星、航海、航空等领域得到应用。

MEMS陀螺仪的原理是利用科里奥利力原理把角速度转换成一个感应器电容极板的位移，是对旋转体系中直线运动质点的直线运动（由于惯性相对于旋转体系产生）的偏移的一种描述[3]。MEMS技术是在应用现代信息技术的最新成果的基础上，融合多种微制造技术发展起来的前沿技术。MEMS是在将微机械结构和读出电路整合在同一块硅片上，把现场可编程门阵列（field programmable gate array，FPGA）数字芯片或数字信号处理芯片嵌入微机械结构系统中，最后对读出模拟电信号进行数字转换和信号处理的系统。它是在集成微电子技术和微精细加工技术基础上，使用可编程门阵列或专用电路实现微型器件功能的高新技术，在以硅为衬底的微机械结构基础上集成读出电路方案。MEMS陀螺仪、MEMS加速度传感器属于MEMS惯性传感器，是采用微机械加工技术在硅、石英甚至金属等材料基础上加工制备得到的。随着数字电路技术的不断发展，将数字电路应用在MEMS陀螺仪、MEMS加速度传感器上，更大程度上发挥了MEMS惯性传感器的优越性：体积小、质量轻、功耗低、抗干扰能力强、量程大、灵敏度高、转换速率快、检测精度高、耐高温高压等，从而MEMS惯性传感器广泛运用于油气开采、地质勘探、航空航天、汽车电子、路基质量检测、高层建筑监测、人工智能、消费电子和生物医疗等领域。

目前，MEMS技术惯性姿态测量的主要作用是为载体提供姿态、速度、位置等实时信息。它不仅在自动驾驶、导航与定位等领域得到了长足发展，同时也在低成本制导炮弹、微型无人机载飞行器等领域得到了大量创新性应用。随着MEMS陀螺仪和MEMS加速度计精度的进一步提高，以及系统使用方法的完善与创新，以MEMS陀螺仪和MEMS加速度计为核心测量器件的微型惯性测量装置（micro inertial measurement unit，MIMU）将被绝大多数中近程战术导弹采用，从而降低惯导系统、弹上驾驶仪成本。基于MEMS技术的可重构接收机和天线的使用，对雷达导引头和弹载数据链固有的电子对抗能力有较大提升，同时增强了主/被动雷达导引头对目标环境和自然环境的适应能力。

MEMS技术的相控阵天线工程化应用，进一步提高了雷达导引头和弹载数据链系统的电子对抗能力和作用距离，增强了其抗恶劣环境能力，使得雷达导引头还具有对多目标进行边寻边跟踪的能力，实现了飞行系统体积小、质量轻、成本低的目标。MEMS 微透镜阵、微反射镜阵和微传感器阵可以使红外、可见光、激光等雷达导引头或其他弹载光学传感器实现对目标和场景的快速扫描和高分辨率成像，达到激光、紫外光告警、气动光学效应矫正等目的。

基于 MEMS 技术可制成光学传感器阵、微带天线阵、压力传感器阵、微喷嘴阵以及柔性膜等战术导弹“智能皮肤”。利用战术导弹“智能皮肤”可以实现对目标进行全向、宽频带、长基线的雷达快速精确定位和跟踪，以及光学精确成像和跟踪；还可以实现全向的数据通信，以及对弹翼表面及弹体表面气流进行敏捷、高效的柔性控制，从而减小导弹飞行的气动阻力，最终参与对导弹的飞行控制。此外，MEMS 技术在发动机流体控制、导弹保养、导弹引信、高密度电源及高密度存储等方面的应用，都将对战术导弹的技术发展产生重要影响。

随着 MEMS 技术的发展，使用 MEMS 技术的战术导弹可以更轻、更小、更便宜、更敏捷、更有效、更智能化。同时，战术导弹在融合数字技术后，其总体性能和功能会实现跨越式提升和变化。集侦察、探测、定位、数传、跟踪、攻击、评估等功能为一体弹族化、网络化、智能化导弹，其突防能力强、命中精度高、毁伤概率大，可以预期作为传统战术导弹的替代。

1.2 惯性技术的研究现状

1.2.1 国外惯性技术研究现状

近年来，各国在惯性技术领域都开展了大量研究并取得了长足的进展。英美两国集中于以激光陀螺仪为核心器件的捷联惯导系统方面的研究，主要对激光陀螺仪捷联惯导/里程计组合的车载自主定位定向系统、激光陀螺仪旋转式惯性导航系统、激光陀螺仪定位定向系统进行应用研究。英国研制的 SPRINT - Nav700 型激光陀螺仪定位定向系统配套日本川崎重工的商用海底精密检查器，可用于导航、跟踪和控制，其中 SPRINT - Nav700 采用霍尼韦尔公司的环形激光陀螺仪和加速度计，能够长时间准确导航，最大限度地降低复杂性和减少了有效载荷空间消耗。2021 年 11 月，法国和德国联合为法国海军水面舰艇开发了一套高性能、弹性的网络安全导航系统。该系统采用法国泰雷兹公司基于环形激光陀螺仪和加速度计的 TopAxyz 惯性导航装置，可提供准确、可靠的导航信息，不受海况和船只位置的影响。莫斯科国立大学分析了环形激光陀螺仪机械抖动装置可能受到的动态弹性扭转对捷联惯导系统姿态确定精度的影响，并提出了一种利用补偿姿态积分对这种影响进行参数校准的方法。在激光陀螺仪惯性系统方面，总体来看，2021年国外激光陀螺仪的发展主要在小型化、低精度环形激光陀螺仪和大尺寸、超高精度环形激光陀螺仪两个方面，相关研究侧重于提升测量精度。基于高精度激光陀螺仪的惯性导航系统仍然是水下航行器和水面舰艇等装备的重要选择之一。

20世纪90年代初，美国诺斯罗普公司建立了一条战术级组合惯导系统生产线，向不同需求用户供应了数万套光纤陀螺仪惯性系统产品及近万只光纤速率陀螺仪。在商业航空领域，美国霍尼韦尔公司最早将光纤陀螺仪进行应用，并为美国海军开发了用于潜艇高精度光纤陀螺仪惯导，光纤陀螺仪的14 h长期零偏稳定性[1σ(单位为°/h)]优于0.001°/h。

在光纤陀螺仪惯性系统方面，2021年，澳大利亚推出了具有自主专利的数字光纤陀螺仪惯性导航系统 Boreas D90，其尺寸为160 mm×140 mm×115.5 mm，质量为2.5 kg，功耗为12 W，成本较其他导航系统降低了约40%，可提供0.001°/h的战略级零偏稳定性，0.005°的滚转/俯仰精度和0.01°的航向精度。韩国推出了战术级光纤陀螺仪惯性测量单元(inertial measurement unit，IMU)FI200C，该TMU在全温度范围内零偏，重复性小于0.5°/h，角度随机游走(angle random walk，ARW)为0.05°/$\sqrt{h}$，质量为790 g，功耗为5 W。俄罗斯推出的光纤陀螺仪IMU U181动态范围为300°/s，ARW为0.025°/$\sqrt{h}$，质量为200 g，功耗为1.5 W。2021年1月，得益于其捷联式光纤陀螺仪技术，IXblue公司的Maris系列惯性导航系统已被证明可以在北极等高纬度地区提供准确、弹性和安全的导航。2021年4月，俄罗斯Optolink公司的TRS-500光纤陀螺仪安装在最新的联盟号MS-17航天器的着陆模块控制系统中，成功协助执行了着陆任务。Optolink公司TRS-500小尺寸三轴闭环光纤陀螺仪对地球旋转速度敏感，与开环陀螺仪相比，其对零操作及模数输出使其能够提供更高的标度因数准确度和更大的动态范围，特别适用于高机动性载体。

总体来看，国外光纤陀螺仪技术的研究重点主要是通过光学调制和工艺优化等方法，使其朝着高精度、小型化、低成本及良好恶劣环境适应性等方向发展。基于光纤陀螺仪的惯性导航系统具有小型化、高性能的优点，是陆用战车、水面战船、导弹、航天器等武器装备的重要选择之一。

在 MEMS 惯性技术研究方面，美国 ADI 公司报告了其用于 ADIS1654X 系列 IMU 的小尺寸、抗振、低噪声 MEMS 陀螺仪的性能参数，实现了 0.55°/h 的零偏不稳定性和 50°/h 的 10 年内零偏重复性。集成了该 MEMS 陀螺仪的新一代 IMU 零偏性能提升 4 倍，灵敏度提高 30 倍，重复性提高 10 倍。

美国霍尼韦尔公司开发的一款型号为 HG7930 的基于 MEMS 的 IMU（见图 1－1），相较于 HG1930 战术级 MEMS IMU，在体积略有增加的情况下，性能提升了 1 个数量级，其陀螺仪 ARW 可达 0.003 5°/$\sqrt{\mathrm{h}}$，陀螺仪零偏重复性优于 0.1°/h，加速度计零偏重复性优于 20 μg。美国角斗士技术公司发布的 SX2 系列低噪声、高速 MEMS 惯性传感器在性能方面取得了巨大进步，ARW 低至 0.001 8°/(s・$\mathrm{Hz}^{-\frac{1}{2}}$)，拥有 600 Hz 带宽、高达 10 kHz 的数据速率和低于 100 μs 的延迟。

图 1－1　霍尼韦尔 HG7930 IMU 原型

图 1－2　DMU41C IMU

芬兰 Murata Electronics Oy 公司推出了一种新的九自由度 IMU DMU41C（见图 1－2），尺寸为 50 mm×50 mm×50 mm，质量仅为 200 g，拥有与光纤陀螺仪几乎相同的性能。与该公司 DMU30 IMU 相比，DMU41C 体积减小了 54%，质量减小了 42%，功耗降低了 50%。美国霍尼韦尔公司推出的用于小型卫星导航的微型空间抗辐射惯性传感器 HG4934 的质量仅为 145 g，其小体积和低功耗适合应用于小型低成本卫星。美国推出的新型 MEMS IMU SDC500

采用小巧、轻便、低功耗和密封设计，提供了卓越的集成功能，根据温度、冲击和振动环境的不同，陀螺仪零偏为 1°/h～20°/h，加速度计零偏为 1～5 mg。

美国惯性实验室推出了 MEMS IMU IMU - NAV - 100，水平精度为 0.03°，陀螺仪零偏稳定性可达 0.5°/h，加速度计零偏稳定性为 0.003 mg。德国博世公司的研究人员使用冗余、低成本 MEMS 传感器阵列提升纯惯性导航定位精度，结果表明，相较于单个设备，使用由 14 个设备组成的阵列导航的误差性能水平提高了 14 倍。

1.2.2 国内惯性技术研究现状

在惯性技术研究方面，国内研究起步较晚。20 世纪 60 年代，我国的惯性技术研究是跟随国外产品进入而开始的，并从传统框架机械式陀螺仪在惯性测量方面开始工程化研究和应用。20 世纪 90 年代，我国才开始进入激光、光纤敏感惯性传感器在定位定向、惯性测量等领域的应用研究。目前，我国的激光陀螺仪生产技术日趋成熟，激光陀螺仪性能也大大提高，但在系统误差的补偿和抑制技术、姿态实施补偿技术、动基座传递对准技术、高动态条件下信号捕获与处理技术等方面还存在一定差距，这些都制约着高精度激光惯导性能的提高。

1990 年以后，随着国内光学器件的不断完善与创新，我国自行解决了多项关键技术问题。应用光纤陀螺仪技术的惯导系统逐步投入实际使用，光纤陀螺仪惯导系统精度测量也从过去的 15°/h 提高到了现在的 0.005°/h。光纤陀螺仪才得以批量生产并成功应用于航空、航天、舰船等惯性测量系统。

国内 MEMS 惯性技术研究也始于 20 世纪 90 年代。目前，国内 MEMS 惯性技术水平与国外有较大差距，研究方向集中于惯性、射频、光学、压力传感器等领域。

1.3 惯性传感器的发展现状

1.3.1 国外惯性传感器发展现状

自 20 世纪 60 年代以来，除了传统机械转子框架式陀螺仪、石英挠性加速度计快速发展外，光学陀螺仪、MEMS陀螺仪、MEMS加速度计等多类新型陀螺仪、加速度计等惯性传感器也在飞速发展。静电陀螺仪和激光陀螺仪精度较高，前者主要应用于在人造卫星、宇宙飞船、空间实验室等的微重力、真空条件下的角速度、加速度、系统姿态的测量；后者则是量子力学在惯性技术领域中的应用，其虽精度高，但较挠性陀螺仪、谐振陀螺仪，其结构与制造工艺都比较复杂，成本较高。

光学陀螺仪主要包括激光陀螺仪和光纤陀螺仪两大类。光学陀螺仪技术日趋成熟，器件的质量不断提升，精度相对较高，体积和功耗也不断降低。目前，国外激光陀螺仪最高精度可达0.000 15°/h，光纤陀螺仪最高精度可达0.000 03°/h。

激光陀螺仪的主要优势是没有转子活动部件，精度高、稳定性好、重复性好、工作寿命长。与同为光学陀螺仪的光纤陀螺仪相比，激光陀螺仪的标度因数非常稳定，且动态特性好，在对标度因数稳定性要求极高的应用中，激光陀螺仪仍是首选陀螺仪。迄今虽然各种新型陀螺仪不断出现，但是激光陀螺仪的应用综合性价比、环境适应性能均处于优势地位。国外关于激光陀螺仪技术的研究主要侧重于提升激光陀螺仪的测量精度，技术途径包括参数调节、激光谐振腔优化及偏频技术等方面。

在20世纪70年代，激光陀螺仪成功应用在飞机和导弹上的捷联惯导系统，主要军事发达国家也相继研制出各自的激光陀螺仪，其中，最引人关注的是美国霍尼韦尔公司和Litton公司研制的高精度激光陀螺仪。2022年，莫斯科物理技术学院研究了非平面腔四频赛曼激光陀螺仪，提出了一种通过最优选择周界控制系统操作点来减少外部磁场影响的方法，并分析了影响进一步提高测量精度的可能性因素。总体来看，大尺寸、超高精度环形激光陀螺仪和小型化、低精度环形激光陀螺仪是国外激光陀螺仪发展的两个主要方面。在水下航行器和水面舰艇等重要装备中，高精度激光陀螺仪是其惯性导航系统的重要选择之一。

相比激光陀螺仪，光纤陀螺仪具有体积小、功耗低、寿命长、高可靠性和可批量生产等优势；相比挠性陀螺仪和谐振陀螺仪，光纤陀螺仪的精度较高，结构简单，生产、试验周期短。因此，光纤陀螺仪在目前的各种导航、惯性测量、定位等系统应用领域都得到了大规模应用。

犹他大学于 1976 年成功研制第一个光纤陀螺仪，从 20 世纪 90 年代开始，国外光纤陀螺仪逐步批量化生产，开始进入产业化发展。2019 年，KVH 公司将光子芯片技术整合应用到光纤陀螺仪中，使光纤陀螺仪 ARW 低于 0.01°/h，零偏稳定性达到 0.02°/h。2000 年前后，主要生产闭环光纤陀螺仪（见图 1-3）的德国利铁夫公司交付了数千只单轴光纤陀螺，同时，其三轴一体配置的光纤陀螺也得到了广泛应用。20 世纪 80 年代，法国 Ixsea 公司开始研制光纤陀螺仪，从 1986 年至 1999 年的十几年间，该公司研制的光纤陀螺仪在船用和空间应用领域已有大量应用[4]；日本研制光纤陀螺仪的公司主要有 3 家：日立电缆、三菱精密和日本航空电子工业公司，其中，用于日立电缆公司汽车导航系统上的光纤陀螺仪的销量数以万计。目前，国外研制的各种精度光纤陀螺仪已经完成工程化、规模化量产，并应用于各种领域中，全面替代了传统框架式机械陀螺仪。

图 1-3　闭环光纤陀螺仪

2021 年，布尔诺理工大学的研究人员利用压电相位调制器在闭环中执行偏置调制和萨尼亚克相移补偿，可将标度因数漂移降低 1 个数量级以上，实现标度因数稳定和调制深度控制在低成本全光纤干涉陀螺仪中的应用。坎皮纳斯州立大学的研究人员提出了一种可以使传感器输出的线性度提高 65 倍的基于均值解调方案提高开环光纤陀螺仪线性度的方法，闭环光纤陀螺仪如图 1-3 所示。斯坦福大学的研究人员提出通过优化相位偏差来最小化加宽激光器驱动光纤陀螺仪的 ARW，可改善方波调制在最佳偏置时的 ARW 约 10^{-3} dB；巴黎萨克雷大学的研究人员使用单个光电探测器产生两个误差信号，同时抵消激光频率和剩余幅度调制，对无源谐振器光纤陀螺仪残差调幅进行控制。Optolink 公司开发研制的 TRS-500 小尺寸三轴闭环光纤陀螺仪对地球旋转速度敏感，与开环陀螺仪相比，能够提供更高的标度因数准确度和更大的动态范围，特别适用于高机动性载体。

总体来看，国外光纤陀螺仪技术的研究重点是通过光学调制和工艺优化等手段使光纤陀螺仪朝着高精度、小型化、低成本及良好环境适应性等方向发展。基于光纤陀螺仪的惯性导航系统具有小型化、高性能的优点，是陆用战车、水面战船、导弹、航天器等装备的重要选择之一。

MEMS惯性传感器具有体积小、质量小、功耗低等特点，在军用和民用市场都得到了广泛应用，是惯性传感器技术领域重要的研究热点之一。

1959年，费曼提出MEMS技术设想。1962年，基于MEMS技术的硅微压力传感器问世。1988年，美国Draper实验室完成了第一台硅微机械陀螺仪研制，随着创新结构设计方案和不断优化改进测控方式方法，国外硅微机械陀螺仪的精度有了很大提升。2007年，汉城大学提出了单质量全解耦线振动形式微机械陀螺仪结构，采用了推挽式驱动和差分检测方式，陀螺仪结构中的检测反馈电极可实现检测回路的闭环控制。德国博世公司采用音叉振动形式微机械陀螺仪结构，左右质量块通过中间连接梁耦合。应用数字集成电路的测控系统形式，数字处理部分主要由驱动闭环回路、检测闭环回路(采用检测闭环控制方式)和输出补偿回路组成。加利福尼亚大学提出了微机械陀螺仪，通过研究分析，结构在空气中基底机械热噪声约为10°/h，较大；但在真空中该值约为0.01°/h。因此，为了减小机械热噪声，提高结构输出信号的信噪比，采用了较高的真空度的结构形式。同期，斯坦福大学研制出了开环“压阻式”硅微加速度计。

2021年，MEMS陀螺仪的相关研究侧重于通过结构小型化、制造工艺优化、谐振器优化设计、测控电路的误差补偿设计等方法来提升MEMS陀螺仪的整体性能。在结构小型化方面，米兰理工大学在1 mm^2面积内，采用标准MEMS工艺制造了一种结构小型化的四质量块陀螺仪，并实现了低至20 $\mu Hz/\sqrt{Hz}$的相位噪声。另一种带宽为100 Hz的微型俯仰/滚动陀螺仪，在平面内测得的最低ARW为600 $\mu^\circ/(s \cdot Hz^{-\frac{1}{2}})$，最低零偏不稳定性为2.8°/h。该陀螺仪采用结合积分补偿的新架构，获得了比前一代产品高出10倍的标度因数，同时还优化了能量传输以及振动稳定性。

日本TDK公司推出了高精度数字MEMS陀螺仪GYPRO，用于无人系统和自动驾驶汽车领域，其质量仅为2 g，易于集成且材料费用低，能够实现噪声超低、延迟低和线性度高的角速度测量。CRS39A陀螺仪是芬兰Murata Electronics Oy公司升级的陀螺仪，其质量减小了40%，使其组件更易安装在25 mm直径套管的井下钻井设备中。美国ADI公司研制了用于ADIS1654x

系列 IMU 的 MEMS 陀螺仪，其尺寸小、耐振动力学环境、噪声低，零偏不稳定性为 0.55°/h，10 年内零偏重复性为 50°/h，使集成了该 MEMS 陀螺仪的 IMU 灵敏度提高了 30 倍，零偏稳定性提升了 4 倍，重复性提高了 10 倍。ADI 公司的 ADXRS300 陀螺仪（见图 1-4）采用表面微加工工艺，在单芯片上实现了具有完整功能的角速度传感器，其输出是与输入角速度成正比的电压，提供高精度的参考输出和温度输出的补偿技术，采用 7 mm×7 mm×3 mm 的球阵列（ball grid array，BGA）封装，量程为 300°/s，非线性为 0.1%（满量程），广泛应用于 MIMU 和平台稳定系统中。

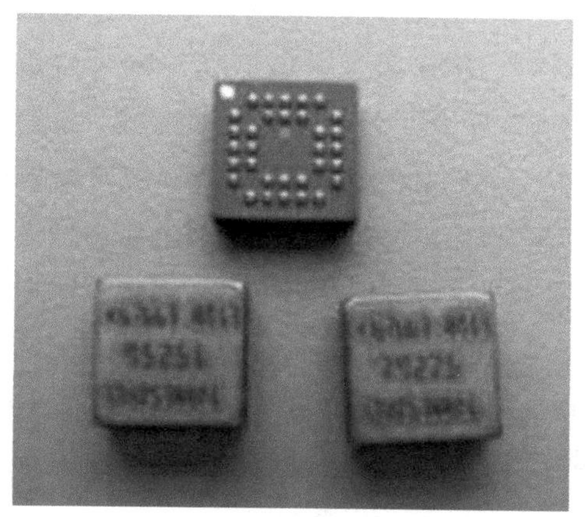

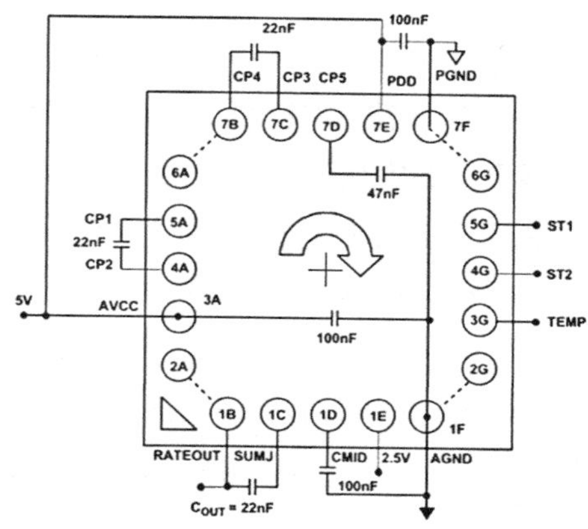

图 1-4　ADXRS300 实物和封装

在制造工艺优化方面，加利福尼亚大学开发了一种硅基熔融石英微型环形陀螺仪的制作工艺，使陀螺仪 Q 值高达 53.9 万，分频低至 8 Hz。芬兰 Murata Electronics Oy 公司推出了一种新型高性能/低噪声单轴全硅陀螺仪 CRH03，在 MEMS 和电子设备两方面进行了改进，使其功耗比上一代产品 CRH02 降低了 30%，抗振性能更高，其零偏稳定性为 0.03°/h。

在 MEMS 谐振器设计技术研究方面，密西根大学成功研制了直径 5 mm 的微型盆状谐振器，其导航级熔融石英微型盆状谐振陀螺仪 Q 值可达 587 万，陀螺仪短期运行零偏稳定性为 0.01°/h；另外，直径 10 mm 的微型盆状谐振器 Q 值可达到 1 250 万，陀螺仪短期运行零偏稳定性为 0.001 38°/h。

日本东芝公司在 MEMS 全角检测模式的测控电路误差补偿设计方面进行了研究，在全角模式下，MEMS 速度积分陀螺仪模块可以检测地球自转的角速度，实验结果表明，陀螺仪零偏稳定性达到了 0.1°/h。

在本底噪声改善技术研究方面，英国研制了一款具有 10 μg/Hz 本底噪声的谐振加速度计，通过避免高频地震噪声在长周期测量中的混叠，改善谐振式 MEMS 加速度计本底噪声，使谐振加速度计本底噪声性能提升了 13 倍。剑桥大学开发了优于 10 μg 零偏稳定性和 10 μg/Hz 本底噪声的差分 MEMS 振梁加速度计，加速度计在地震学和重力测量应用中具有较好稳定性。剑桥大学研制的模态局域化 MEMS 加速度计，在高阶弯曲模态下运行的零偏稳定性本底噪声为 130 ng/Hz 和 85 ng/Hz 的本底噪声。

在信号带宽提升技术研究方面，格勒诺布尔阿尔卑斯大学研制的谐振加速度计，是一种基于纳米机械压阻传感器，将压阻纳米谐振器与微米质量块相结合，谐振加速度计可实现很高的频率灵敏度和 1.5 kHz 的带宽。桑迪亚国家实验室研制的光机加速度计具有兆赫级的超高带宽，在 120 kHz 带宽上能够显示出平坦响应，加速度计最小可检测信号为 26 mg。以色列物理逻辑公司改进的 MAXL－OL－2040C MEMS 开环加速度计，带宽由 300 Hz 增加至 2 000 Hz。

在测量范围技术研究方面，东京工业大学设计的单轴双质量块 MEMS 加速度计可实现 20g 的大范围加速度检测。以色列物理逻辑公司推出了 MAXL－CL－3O5OC 和 MAXL－CL－3070 大量程闭环 MEMS 加速度计，其中 MAXL－CL－3050 加速度计的动态范围为±50g，MAXL－CL－3070 加速度计的动态范围为±70g。

在测量精度技术研究方面，法国 iXblue 公司开发了一种新型具有导航级性能石英振动传感器，动态范围高达 100g，零偏重复性为 10 μg，标度因数重复性为 30 ppm(1 ppm＝10^{-6})。佐治亚理工学院研制的超灵敏调频谐振加速度计，在 10g 测量范围内，最小检测加速度能够达到 μg 级，标度因数非线性为 0.5%。美国研制的新型三轴数字式 A300D MEMS 加速度计零偏稳定性为 0.015 mg。美国 SDI 公司研制的 1525 型 Low－G 系列 MEMS 直流加速度计芯片采用零交叉耦合设计，具有良好的零偏稳定性以及 5 μg 的艾伦方差。

半球谐振陀螺仪基于哥氏振动原理，是一种高精度新型固体振动陀螺仪，具有结构简单、启动时间短、可承受大过载、物理特性稳定、可靠性高和寿命超长的优势，是最有潜力实现高精度、小型化、低成本的陀螺仪，已实现

0.000 1°/h 的高精度，成为国外惯性技术领域的研究热点之一。而半球谐振子作为半球谐振陀螺仪的心脏，其性能在多个方面影响半球谐振陀螺仪产品的精度，也直接决定整个陀螺仪的性能，熔融石英双壳陀螺仪如图 1－5 所示。尤其是半球谐振子的异形加工精度，已成为制约半球谐振陀螺仪发展和应用的技术瓶颈。2021 年 6 月，法国赛峰公司推出了其首款专为法国海上突击队设计的两栖惯性导航系统，该导航系统采用半球谐振陀螺仪，实现了高可靠性、最佳的功率/质量/尺寸比，且完全静音，能够在极端条件下运行，可用于海军快艇平台和陆基平台，可提供导航和瞄准两种典型应用。

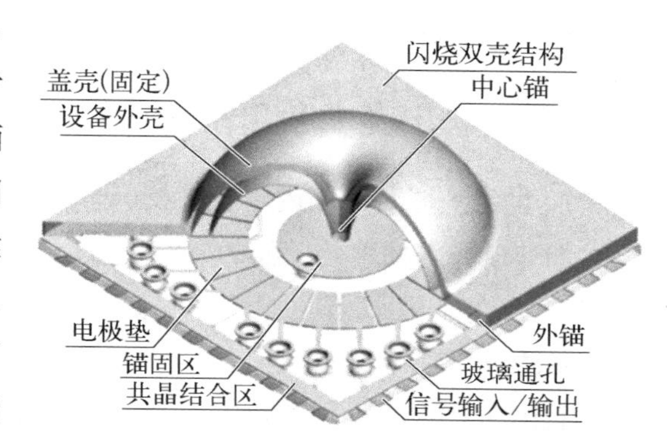

图 1－5　熔融石英双壳陀螺仪

原子陀螺仪目前整体上还处于实验研究和初步工程化探索阶段，尚未形成大规模产业化应用。2021 年，康奈尔大学的研究人员研究了金刚石 MEMS 谐振器中产生的千兆赫兹频率应变振荡，以驱动金刚石氮空位中心的自旋和轨道共振，利用室温下的自旋-应变相互作用，验证了双量子和单量子跃迁的相干自旋控制。伯明翰大学研制了一种用于重力地图匹配导航的便携式高数据速率原子干涉重力仪。德国博世公司开展了核磁共振陀螺仪瞬态特性的建模研究，提出了基于自旋的导航级陀螺仪的建模和参数优化方法，开展了 MEMS 气室中显原子核自旋进动的自由感应衰减测量实验，在实现紧凑型核磁共振陀螺仪方面迈出了重要一步[1]。

在新加速度惯性传感器研制方面，2022 年，伊斯法罕大学开发了一种基于法布里-珀罗(Fabry-Perot，FP)微腔的差分微光机电系统加速度计，在重力场内具有良好的线性响应。iXATtom 联合实验室开发了一款三轴量子传感器，能够在 3 个维度、任何方向上连续跟踪并测量加速度。英国开展研制目标灵敏度为 2.3×10^{-8} m/($s^2\cdot Hz^{-\frac{1}{2}}$)的光学角速度传感器[5]。

在 MEMS 加速度计研究方面，美国研究了一种温度校准方法，使 MEMS 加速度计常温零偏稳定性误差为 30 μg。法国导航级 MEMS 加速度计优化了低噪声混合信号集成电路，零偏稳定性误差为 0.3 μg。日本开发了带有 T 形电极的 MEMS 差分谐振加速度计，零偏稳定性误差为 8 μg，并具有 134 dB 的动态范围。英国开发导航级 MEMS 差分振梁加速度计，10 s 积分时间内零偏稳定性误差为 0.123 μg。赛峰基于硅的 MEMS 加速度计于 2020 年实现导航级批产，零偏和标度因数稳定性达到 30 μg 和 30 ppm。

1.3.2 国内惯性传感器发展现状

20 世纪 80 年代，国内多家高校、研究院所开展了对动力调谐陀螺仪、石英挠性加速度计等惯性传感器的研究，经过多年的研究和工程实践，研制出精度为 0.01°/h 的动力调谐陀螺仪，零偏稳定性为 10 μg，且标度因素稳定性为 10 ppm 的石英挠性加速度计已经得到广泛的工程应用。

我国激光陀螺仪研制开始于 20 世纪 70 年代，受国内工艺制造水平限制，长期以来一直进展缓慢。由于激光陀螺仪具备启动快、动态范围宽、稳定性与重复性好、寿命长、抗冲击振动、无须恒温、成本低和数字化输出等显著特征，已广泛应用于飞航导弹、空空导弹和飞机中，在环境温度大范围变化的情况下，激光陀螺仪仍能正常工作且满足指标要求，温度适应性强。通过多年的发展，国内的高精度激光陀螺仪技术已经成熟，相继攻克了漂移、噪声和闭锁阈值等关键技术，研制出了工程化产品，其主要技术参数如表 1-1 所示。

表 1-1 国内高精度激光陀螺仪主要技术参数

技术参数	数值
零偏稳定性/(°/h)(σ)	≤0.005
零偏重复性/(°/h)(σ)	≤0.005
标度因数稳定性/ppm(σ)	≤10
启动时间/s	≤10
速度范围/(°/s)	±500
工作稳定/℃	−40～+70

20 世纪 80 年代初，我国开始进行光纤陀螺仪的研制。随着光纤环、光源等关键器件的发展以及信号采集与误差补偿技术日趋成熟，国内主要研制的

高、中、低精度闭环光纤陀螺仪已经达到工程化应用阶段，单轴、多轴一体光纤陀螺仪也在各种不同类型的光纤陀螺仪惯性姿态测量系统中得到了广泛应用。目前已经形成了 10°/h～0.1°/h(1σ)低精度或战术级光纤陀螺仪、0.01°/h(1σ)的高精度或导航级产品、0.003°/h(1σ)精密级产品工程化和系列化。

国内研制的 MEMS 惯性传感器产品包括了 MEMS 陀螺仪、石英振梁加速度计、MEMS 硅微机械陀螺、硅微加速度计等。围绕高性能 MEMS 陀螺仪和 MEMS 加速度计开展研究。MEMS 陀螺仪探索研究的主要方案有质量块振动陀螺仪、音叉陀螺仪、四质量陀螺仪、环形陀螺仪等；MEMS 加速度计探索研究的主要有跷跷板式加速度计、三明治式加速度计、梳齿式加速度计和谐振梁式加速度计等；采用 top-down 的方式，以体硅工艺为主制造陀螺仪和加速度计敏感结构。2011 年底，国内开发出基于陶瓷外壳的 MEMS＋专用集成电路设计(application specific integrated circuit，ASIC)两片式系统级封装的陀螺仪和加速度计。2019 年，高性能 MEMS 陀螺仪和 MEMS 加速度计实现规模量产[6]。

在 MEMS 角速度传感器方面，研制了一种双质量块音叉式 MEMS 陀螺仪，采用键合＋刻蚀工艺加工而成，通过圆片级封装工艺技术，实现了高真空度密封，品质因数优于 25 万，外围电路采用数模混合集成电路实现，保证了陀螺仪形态的紧凑，其中，驱动模态采用闭环控制方案。该陀螺仪零偏稳定性优于 0.66°/h，刻度系数非线性优于 100 ppm，零偏加速度灵敏度优于 12.3°/(h/g)。用于 MEMS 陀螺仪驱动闭环的专用集成电路使陀螺仪谐振频率为 3.7 kHz，启动时间≤0.3 s，驱动检测信号的信噪比达到了 115 dB，驱动振幅为 1 h，稳定性为 1.5×10^{-4}。具有低振动灵敏度和宽动态范围的 MEMS 陀螺仪尺寸为 11.4 mm×11.4 mm×3.8 mm，测量范围为±7 200°/s，零偏稳定性为 12.2°/h(1σ)。电容式环形微机电振动陀螺仪驱动与检测模态的谐振频率分别为 9 028.86 Hz 与 9 036.15 Hz，品质因数分别为 25 051 与 25 026，标度因数为 0.589 7 mV/(°/s)。2008 年开始了硅基 MEMS 谐振环陀螺仪研制，于 2015 年通过飞行测试，发射过载 8 000g，历时 10 ms，抗过载能力优，标志着我国 MEMS 陀螺仪在抗过载方面取得了突破性的进展。2014 年出现了一种具有力-再平衡操作模式的高性能 MEMS 盘式陀螺仪，采用了晶圆级真空封装的绝缘体上硅(silicon on insulator，SOI)工艺，并设计了精密数字控制处理电路，实现了正交误差抑制和频率调谐,实现了 0.18°/h 的偏置稳定性(1σ)和 90 Hz 的带宽。

在20世纪 90 年代,我国开始对 MEMS 加速度传感器进行研制,在 MEMS 硅微技术、深亚微米级集成电路等方面,已取得一定的基础和阶段性研究成果。如一种“三明治”式 MEMS 加速度计,量程大于±15g,偏值重复性小于等于 500 μg,标度因数重复性小于等于 200 ppm,截止频率大于 100 Hz,三个月重复性为 $1.5\times10^{-3}g$(3σ)。再如单片集成的三轴梳齿式电容加速度计,采用 SOI 基片加工,通过硅片自停止腐蚀做出高深宽比的敏感结构,加速度计 x、y、z 三个方向灵敏度分别为 225 mV/g、188 mV/g、36.5 mV/g,零偏稳定性分别为 3 mg、9 mg、46 mg,带宽分别为 900 Hz、900 Hz、400 Hz。另外,有一种全硅 MEMS 三明治式加速度计,闭环灵敏度为 0.575 V/g,零偏差为 0.43g,−3 dB 带宽(信号动态响应的频率范围)为 278.14 Hz,1 h 稳定性为 $2.23\times10^{-4}g$(1σ),−40~+60℃温度范围内输出温度漂移为 45.78 mg,温度滞后最大值为 3.725 mg。一种差分结构的加速度计,单个器件灵敏度大于 30 Hz/g,差分后灵敏度为 65.74 Hz/g,10 min 零偏稳定性为 15.8 μg。一种具有自检功能的一体式石英振梁加速度计,标度因数为 50.5 Hz/g,标度因数稳定性为 61.8 ppm,标度因数重复性为 47.1 ppm,1 h 零偏稳定性为 24.38 μg。一种 T 形 MEMS 谐振加速度计,尺寸为 464 μm×650 μm,静态时的谐振频率为 16.109 25 kHz,感应轴灵敏度为 1.11 Hz/g(−5~+5g),x 轴灵敏度为 0.053 Hz/g,y 轴灵敏度为 0.048 Hz/g,频率温度系数为 0.815 Hz/℃(0~+50℃)。

另外,一种基于三层石英结构的一体式石英振梁加速度计,产品全温稳定性优于 0.5 mg,振动整流误差优于 200 $\mu g/g^2$(振动功率谱均元根值 15.68g),可满足中高精度惯性导航应用需求。应用比较器控制电路和两级积分式接口电路简化了加速度计幅度控制电路结构,降低了电路噪声,使加速度计 1σ 零偏稳定性达到 12.8 μg,1g 稳定性(1σ)达到 14.5 μg,标度因数稳定性为 24.2 ppm。高性能谐振式 MEMS 加速度计的噪声基底为 98 ng/$\sqrt{\text{h}}$,零偏稳定性为 56 μg,对应频率的噪声基底为 0.77 ppb/$\sqrt{\text{h}}$(1 ppb=10^{-9}),频率零偏稳定为 0.43 ppb,这是迄今谐振式 MEMS 加速度计所取得的最佳结果。具有热应力隔离的温度不敏感微机械谐振加速度计采用了专用形状的玻璃基板,以隔离在管芯附接过程中产生的热应力,温差灵敏度降低到 10.5 μg/℃,1 h

偏差稳定性达到 0.7 μg，在室温下在 10 h 内为 2.7 μg。另外，基于 MEMS 热对流技术，2019 年发布的最新 MEMS 热对流加速度计——MXP7205VW，其工作温度范围为 −40～105℃，动态范围为 ±5g，灵敏度为 800 LSB/g，抗冲击力超过 50 000g。

目前 1 mg 的石英 MEMS 加速度计基本解决了温度和力学环境适应性问题，能够满足战术级精度要求，并在惯性姿态测量系统中成功应用。硅 MEMS 加速度计温度和力学环境条件下的综合指标较差，离工程应用要求还有较大差距。总体来看，国内 MEMS 惯性敏感器件还处于中等精度产品的工程化研制阶段，静态精度优于 5 μg 的高精度 MEMS 加速度计还处于技术路线探索和原理样机阶段，在温度和力学环境适应性等方面还有待进一步工程化验证。我国的 MEMS 加速度计技术与国外先进技术还有一定的差距，产品性能有待进一步提高[3]。

在半球谐振陀螺仪方面，一种微半球谐振陀螺仪样机封装后的品质因数 Q 为 15 万，在常温下的零偏稳定性为 0.46°/h，量程达到 ±200°/s，是国内报道的性能最高的微半球谐振陀螺仪。经过多年的发展，工程应用中惯性姿态测量系统角速度零偏为 15°/h，零偏稳定性优于 0.1°/h。多晶硅微半球谐振陀螺仪在 0.004 Pa 的真空度下的 Q 为 2 200，初始频差为 10 Hz，零偏稳定性为 80°/h。利用多通道锁相放大器快捷、有效测试 MEMS 半球陀螺仪的系统，标度因数为 2.55 mV/(°/s)，标度因数非线性度为 0.066%，零偏稳定性为 60.3°/h，零偏不稳定性为 20.6°/h。利用脱模法制备了多晶硅微半球陀螺仪[3]，实验测得四波腹谐振频率为 14. 1 kHz ，Q 为 10 200，初步开环测试零偏稳定性为 80°/h，标度因子为 1. 15 mV/(°/s)。

1.4　惯性传感器应用与发展

1.4.1　惯性传感器的应用

惯性导航不依赖于外部信息源，只相对于运动平台的初始状态进行相对意义上的导航，具有独立、自主、不容易受到外部干扰的优点。从 20 世纪 40 年代出现至今，惯性导航技术在航天领域得到了广泛应用，惯性传感器已从单纯的机械式发展到利用各种物理现象，结合各种技术的综合应用，惯性导航系统在尺寸、质量、成本和精度方面也取得了长足进步。目前，在航天领域应用的惯性传感器主要有陀螺仪和加速度计两类，前者测量相对参考系的空间转动信息，后者测量相对参考系的空间平移信息。

陀螺仪和加速度计是航天器姿态控制系统的核心敏感器，主要优点是自主性强、不受轨道影响、有限时间内精度高等。但存在漂移等误差，因此在长时间运行的卫星应用中，需要与星敏感器等其他敏感器组合使用。根据工作原理，陀螺仪可分为以经典力学为基础的机械陀螺仪和以现代物理学为基础的光学陀螺仪，机械陀螺仪包括液浮陀螺仪（二浮、三浮）、半球谐振陀螺仪，光学陀螺仪包括激光陀螺仪、光纤陀螺仪。随着卫星应用对陀螺仪精度和寿命不断提升的要求，光纤陀螺仪作为全固态惯性传感器，具有寿命长、可靠性高、空间环境适应性强等优点，在航天器中得到的广泛应用。加速度计主要测量姿态系统飞行位移，可用于对空间运动平台加速度测量，在编队卫星轨道控制（编队飞行、空间交会对接、高轨卫星变轨）和重力场测量任务非保守力精确测量等方面也有重要的应用场景。

目前，各种陀螺仪、加速度计等惯性传感器及系统发展迅速，其具体精度指标如表 1－2 所示。

表 1－2　惯性传感器精度指标

惯 性 传 感 器	国内精度水平	国外精度水平
三浮陀螺仪(°/h)	8×10^{-4}	1×10^{-6}
静电陀螺仪(°/h)	1.4×10^{-4}	1×10^{-11}
激光陀螺仪(°/h)	3×10^{-3}	2×10^{-4}
光纤陀螺仪(°/h)	1×10^{-3}	8×10^{-5}
半球谐振陀螺仪(°/h)	1×10^{-3}	4×10^{-5}
原子陀螺仪(°/h)	原理样机	2×10^{-6}
石英/硅挠性摆式加速度计	0.1 mg	0.1 μg
石英振梁加速度计	1 mg	1～10 μg

随着现代物理的不断发展，从 20 世纪 90 年代末至今，冷原子技术、原子光学技术等现代物理基础理论和关键技术获得突破，以原子作为敏感介质的

原子陀螺仪代表了未来超高精度陀螺仪的发展方向之一[7]，得到了国内外高度关注。此外，光学陀螺仪技术日趋成熟，精度突飞猛进，体积、功耗不断降低。激光陀螺仪精度优于 0.000 2°/h，而光学陀螺仪精度达 0.000 08°/h，光学陀螺仪及其系统应用已从战术级逐步拓展到战略级，在陆、海、空、天等多个领域中占主导地位，成为装备应用市场的主角。我国载人航天器、对地观测卫星、火星探测器等航天器都配置了光纤陀螺仪，在轨性能表现良好。太阳双超观测卫星中磁浮控制分系统配置是目前国内最高精度的光纤陀螺仪，随机漂移为 0.001°/h(3σ)，ARW 为 0.000 2°/$\sqrt{\text{h}}$。半球谐振陀螺漂移精度达到 0.001°/h(3σ)，寿命可达 15 a。半球陀螺仪独特的优势在空间领域有广阔的应用前景，如卫星或空间飞行器 IMU、姿态稳定控制。哥氏振动陀螺仪不仅具有所有惯性仪表的品质，而且与光学陀螺仪比较，有小型化的优势[7]。

加速度传感器正向消费和军用两级化发展，性能精度不断提高，成本不断降低。摆式积分陀螺仪加速度计结构复杂、体积大、价格昂贵，精度为 0.1 μg，用于战略等高端装备；石英/硅挠性摆式加速度计精度为 5～1 000 μg，是陆、海、空、天、制导弹药等多领域的主流；石英振梁加速度计精度达 10 μg，最高精度为 1 μg，已应用于战术级，有望进入战略级应用，极具潜力。新型微光学加速度计、原子加速度计等也逐步进入工程实践。摆式积分陀螺仪加速度计依然是战略应用领域的首选，力再平衡加速度计在战术/惯性导航级设备的市场规模最大。硅微机电加速度计受制导弹药、机器人、汽车、消费电子应用牵引，性能日益提升，精度达 0.1～1 mg。这些产品充分发挥了高 g 值和高分辨振动感应细分应用的优势，达到了战术级应用水平，并已开始渗透导航级应用。

对于 MEMS 惯性技术，目前国外 MEMS 惯性敏感器件及惯性姿态测量产品的精度正由战术级向导航级和战略级跨越，以全面实现工程化及应用。国内基于 MEMS 微惯性技术，将 MEMS 陀螺仪、MEMS 加速度计等微惯性敏感器件与导航、定位、算法处理等功能集成，使其体积更小，成本相当于传统惯性姿态测量系统的十分之一，集成了导航定位、飞行管理控制、惯性姿态测量等系统。国内 MEMS 惯性传感器研制部分指标已达到工程实际应用水平，用 MEMS 惯性传感器构建的惯性测量装置在大过载、无人机飞行器领域都有工程产品应用，但与国外同类产品还有不小差距。

随着科学技术的高速发展，惯性技术从海陆空航天器等应用领域，拓展到了国民经济的全方位应用领域。

MEMS 技术具有成本低(国外中低精度陀螺仪芯片每轴约 2 000 元)、微型化、可集成、可靠性高、环境适应性强的优点，是典型的军民两用技术，所以 MEMS技术在民用领域具有广阔的市场潜力。从20世纪90年代开始，MEMS 技术研究得到了突飞猛进的发展。在几十年的发展过程中，电子学、机械学、材料学、物理学、化学、生物学等多种学科与技术的发展创新应用，加快了 MEMS技术领域快速的创新步伐，目前 MEMS 传感器市场已经进入大规模应用阶段，全球 MEMS 惯性传感器已达上万亿美元的市场规模，组合惯性传感器、微显示等呈现高速成长。MEMS 惯性传感器在消费电子、汽车、医学等领域的应用也逐渐普及，在国内市场需求增速远高于全球。从 2010 年开始，MEMS 市场进入快速成长期，2020 年总市场规模近 60 亿美元。从应用场景分析，MEMS 惯性传感器最主要的应用领域是汽车和消费电子。在 2010—2015 年，汽车的复合年增长率为 6.8%，消费电子的复合年增长率为 5.1%。消费电子领域的基础创新较快，MEMS 惯性传感器也成为其重要的创新基础元件。未来，在室内导航、更准确的动作识别等领域，MEMS 惯性技术的产品将有很广泛的应用。此外，在汽车、工业、医疗领域，随着消费电子和汽车的产业链国产化进程加快，MEMS 惯性技术将与我们的生活联系更加紧密，消费电子的复合年增长率预测将达 17.2%，汽车增速为 10.3%。整体而言，MEMS 惯性传感器有更广泛的应用领域和产品，在整个 MEMS 市场所占份额超过 70%，可以预期其有无限可能的应用前景。

1.4.2 惯性传感器的发展

航天领域的发展对于国防、国民经济和人类探索太空都有着重要意义。作为航天领域的关键技术之一，新型惯性传感器技术在需求牵引和基础专业技术的推动下，显著提高了航天领域运动载体导航、制导与控制等性能，促进了航天器系统技术的发展。

新一轮科技革命和产业变革推动了量子＋人工智能、大数据、区块链、智能制造、新材料等前沿技术加速应用于军事领域，也给惯性技术的发展带来契机。未来，随着 MEMS 的陀螺仪微加工精度的不断提高、封装敏感性的不断降低、电子设备的不断优化、综合性能的不断提升，MEMS 会以更低的成本和更高的性能向光纤陀螺仪发起挑战。半球谐振陀螺仪在技术研究领域尚未披露突破性的进展，技术产业化、低成本是未来发展方向。原子光子领域的重大科学发现和量子调控技术的飞速发展，推动了原子陀螺仪性能的不断提升，在军用和民用领域，其工程化进程会日益加快[8]。

随着新效应的敏感功能材料研究和创新，根据各种新功能材料、新效应可以研制出具有新工作原理的新型惯性传感器，是高性能、多功能、低成本和小型化惯性传感器发展的重要途径。在新原理研究方面，可利用量子力学等效应研制低灵敏阈惯性传感器等。惯性技术呈现的发展趋势如下。

(1) 新材料、新工艺促进惯性器件的发展。在新材料研究方面，可利用多晶体、非晶体、复合材料、人工合成的原子(分子)型材料等制造性能优良的惯性传感器。通过对半导体敏感材料的研究，使半导体硅在力敏、热+金属敏、光敏、磁敏、湿敏、气敏、离子敏及其他敏感元件应用开发中具有广泛用途。正向非晶化、薄膜化磁性材料具有磁导率高、矫顽力小、电阻率高、耐腐蚀、硬度大等特点，在惯性传感器应用领域发展前景广阔。

(2) 多信息融合、高度集成化是 MEMS 惯性技术的必然发展趋势。随着微加工和微集成技术等先进制造工艺技术的不断完善，现代物理学、计算机和电子技术的发展，以及军用和民用领域蓬勃需求的牵引，MEMS 惯性技术取得了较大的进步。在 MEMS 惯性技术领域，国内一些的主要研究机构和厂商积极应用新技术、新工艺，成功开发了一系列基于 MEMS 的惯性传感器件及惯性系统，在高精度、集成化、低成本等方面的综合性能有所发展。

(3) 集成化是惯性技术发展的重要方向。首先是同一功能的大量惯性传感器集成。在同一平面上将同一类型的单个传感元件排列起来，排成一维的线型惯性传感器或二维的面型惯性传感器。其次是将惯性传感器的各组成部分进行功能集成，即将惯性传感器不同的组成部分，利用电子集成技术、微加工技术，将敏感元件、转换电路、输出接口电路等环节集成，使惯性传感器体积更小。同时，随着集成化技术的发展，各类混合集成式和单片集成式惯性传感器相继出现，并已获得商业、工程应用。最后，将各种不同功能的惯性传感器集成为多功能惯性传感器，即用一个惯性传感器实现角速度、加速度进行检测。比如基于 MEMS 微机械加工技术，在单片硅上加工多维力传感器，一个多维力传感器最多可以实现惯性坐标系 3 个轴向的线速度、角速度和角加速度的测量，大大减小了 IMU 的体积和生产成本，同时能够有效地提高惯性传感器的稳定性、可靠性等性能指标。集成化为固态惯性传感器带来了许多新的机会，同时也是多功能化的基础[9]。

（4）智能化是将惯性传感器技术与数字信号处理器（digital signal processor，DSP）、FPGA 等计算控制技术、人工智能技术相结合，使惯性传感器具有信息处理、逻辑判断、自诊断、自识别等人工智能功能。利用半导体集成技术，将惯性传感器与输出信号处理电路、输入输出控制接口以及微处理器等制作在同一块芯片上，成为具有大规模集成电路的智能惯性传感器。智能惯性传感器是惯性传感器、电子电路集成、人工智能以及大数据等技术结合应用的产物，具有多功能、高性能、小体积、适宜大批量生产和使用方便等优点。智能惯性传感器对输入信息具有检测、数据处理、逻辑判断、自诊断和自适应能力，具有人工智能功能，可对已获得的大量数据进行处理判断，自行学习、选择最佳方案，实现远距离、高速度、高精度传输和便捷自主操控等功能。

第 2 章

惯性传感器特性

本章将介绍惯性传感器的静态特性和动态特性。静态特性包括线性度、灵敏度、迟滞、重复性、分辨率、阈值、稳定性、漂移、静态误差、精确度；动态特性则包括零阶、一阶、二阶系统惯性传感器及其相关的截止频率、带宽、放大倍数等。

2.1 传感器概述

传感器通常由敏感元件、转换元件及转换电路组成，如图 2-1 所示。

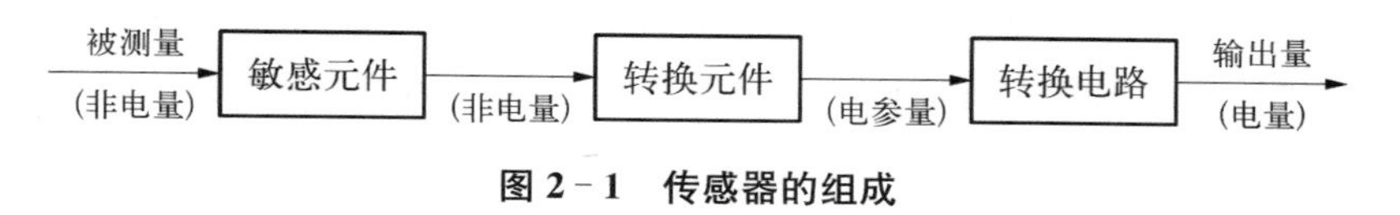

图 2-1 传感器的组成

由图 2-1 可知，传感器的敏感元件接受被测量的非电量信号，信号通过转换元件和转换电路，以一定的精确度把被测量转换为输出量。敏感元件直接感知被测量，并输出与被测量呈确定关系的某一特定物理量。转换元件将敏感元件输出的非电量作为输入，把感知的被测量转换成适于传输或测量的电参量。在实际传感器应用中，敏感元件与转换元件可以是两个部分，也可以不存在中间的转换环节，直接将被测量转换为电信号。由于传感器输出信号很弱，不能直接采集输出，需要进行滤波、放大、调制等信号调理，经过转换电路转换后的信号更容易传输、处理、记录和显示。惯性传感器被测量的量一般为惯性力、惯性力矩；敏感元件通常为高速转子、光纤环、质量摆等。

惯性传感器是在惯性坐标系中检测惯性系统角速度、加速度的核心器件。它将角速度、加速度物理量转换为可以采集的电流、电压或频率等电量输出量，实质上是一种惯性量传感器，是惯性测量、姿态测量、导航定位等系统的核心部件，在工程应用中，固连在载体上，测量载体所受到的惯性力、惯性力矩等物理量。

惯性传感器静态、动态性能指标是衡量其精度高低的主要技术指标。根据工作原理和结构在不同场合应用，每一种惯性传感器的基本技术指标包含灵敏度、测量范围、零位、阈值、分辨率、标度因数非线性、迟滞误差、重复性、稳定性、固有频率、阻尼比、时间常数、频率特性、稳定时间等静态和动态性能指标。此外，当采用惯性传感器测量无人机机载系统姿态时，还应考虑温度、湿度、气压等气候环境的适应性，振动、冲击、运输振动等力学环境的适应性，磁、噪声等环境的适应性。

惯性传感器的响应特性是其最基本的特性，是在确定条件下，惯性传感器输入量或输入信号与输出量或输出信号之间的关系。只有确定了惯性传感器的响应特性，其输出值才能准确地反映被输入量。只有在明确工作条件下，才能分析惯性传感器的响应特性。根据不同的测试环境，还需要考核传感器的静态和动态特性。静态特性是输入量为常值或某一变化极慢的固定值时，测试所得的惯性传感器的响应特性；动态特性是当输入量随时间变化时，测试所得的惯性传感器的响应特性。惯性传感器的静态特性可以是动态特性中输入为零或某一特定固定值时的特例。若使用微分方程的数学模型表示惯性传感器的响应特性，当输入为零或一固定值时，微分方程中的一阶及以上的微分项取为零，即表现为静态特性。另外，传感器除了响应特性之外，还有与使用条件、使用环境、使用要求等有关的特性[11]，为了准确测量被测量，需要对惯性传感器进行标定测试，并对相关的特性进行分析。

通过静态测试，可确定惯性传感器在零输入条件下的零位、重复性、稳定性、误差漂移等静态性能；通过转台、角振动、精密离心等动态测试，可确定惯性传感器在量程范围内输入条件下，惯性传感器输出的固有频率、放大倍数、带宽、标度因数及其非线性等动态性能。

2.1.1 静态特性

要衡量静态特性，惯性传感器输出输入最好呈线性关系，但实际情况中不可能呈现理想的线性关系。在温度、工作环境等外界条件影响下，各种误差因素都会影响惯性传感器的输出，这些因素就是衡量惯性传感器静态特性的主要技术指标。惯性传感器的响应关系如图 2－2 所示。

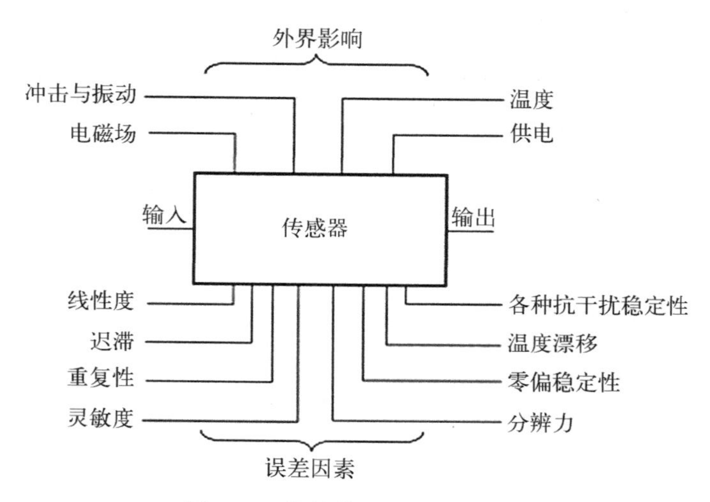

图 2－2　惯性传感器的响应关系

在静态测量中，惯性传感器的输入 x 和输出 y 不随时间而改变，对于具有线性特性的传惯性传感器，其静态特性为

$$y = kx \tag{2-1}$$

式中，k 为惯性传感器标度因数。

式(2－1)表征了具有静态线性关系的惯性传感器，根据线性惯性传感器的静态响应的输入输出特性，可以研究惯性传感器的线性度、迟滞、重复性、灵敏度等静态性能参数，以及引起的测量误差。在实际测量过程中，如果不考虑惯性传感器的迟滞、蠕变等误差因素，其静态特性一般可用多项式表示为

$$y = a_0 + a_1 x + a_2 x^2 + \cdots + a_n x^n \tag{2-2}$$

式中，a_0为输入 x 为零时的输出量；a_1，a_2，…，a_n为各项常系数。

1. 线性度

线性度是指惯性传感器实际输出曲线与其理论拟合直线之间的最大偏差 ΔL_{max}与惯性传感器满量程输出 y_{FS}的百分比，通常又称非线性误差。

$$\gamma_L = \frac{\Delta L_{\max}}{y_{FS}} \tag{2-3}$$

在低阶数学模型的惯性传感器静态特性中，选取拟合方法很多，一般采用直线拟合方法，即用一条直线近似代表实际输出曲线。目前常用的直线拟合方法有理论拟合、过零旋转拟合、端点连线拟合、端点平移拟合、最小二乘法拟合和最小包容拟合等，如图 2－3 所示。

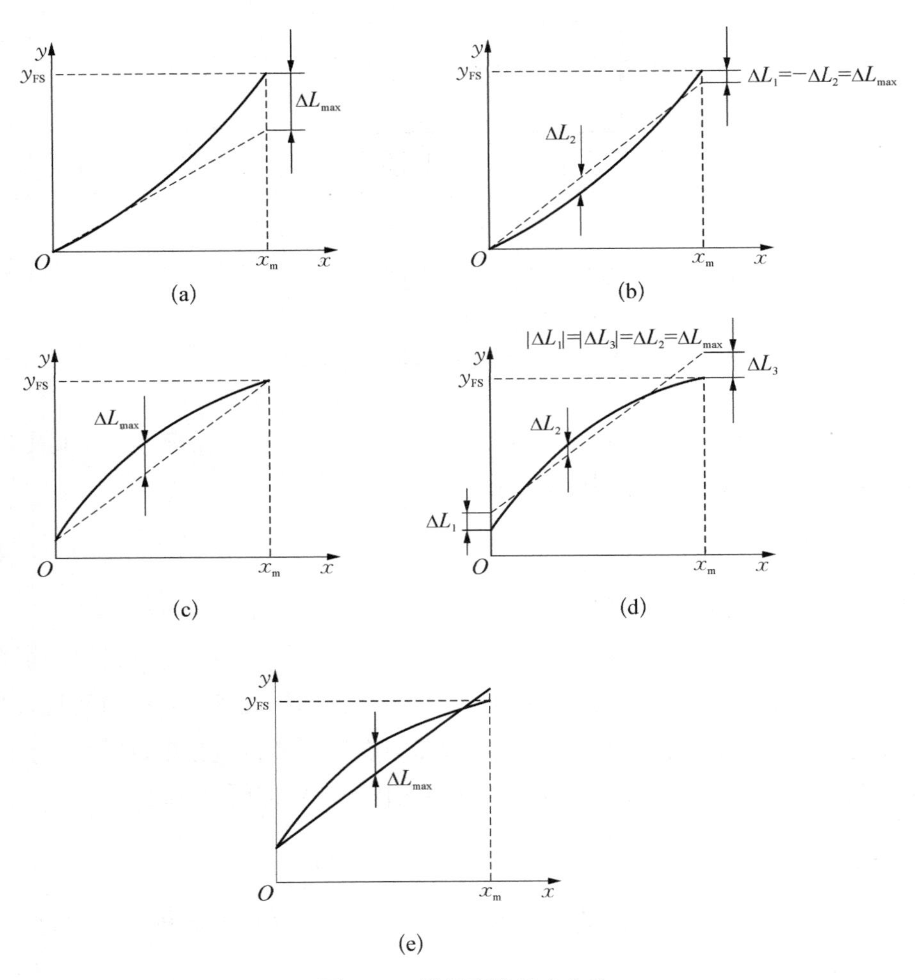

图 2－3　常用直线拟合方法

(a) 理论拟合；(b) 过零旋转拟合；(c) 端点连线拟合；
(d) 端点平移拟合；(e) 最小二乘法拟合

从图 2－3 可知，非线性误差是以一定的拟合直线或理想直线为基准直线计算得出的。因此，线性度与拟合直线有很大关系，线性拟合方法不同，非线性误差会有差异。因而，即使是同类传感器，基准直线不同，所得线性度也不同。其中，最小二乘法求取的拟合直线与实际曲线的各点偏差平方和最小，非线性误差小，精度最高[12]。

2. 迟滞

迟滞又称回程误差，是指在惯性传感器测量范围内，在正向最大输入量程和负向最大输入量程的测量中，惯性传感器输出曲线不重合的现象，常用绝对误差表示。检测惯性传感器迟滞时，在量程范围内选择几个特征输入点，正反行程进行测量，在同一个特征输入点，惯性传感器输出信号差值中最大的即为迟滞，如图 2－4。

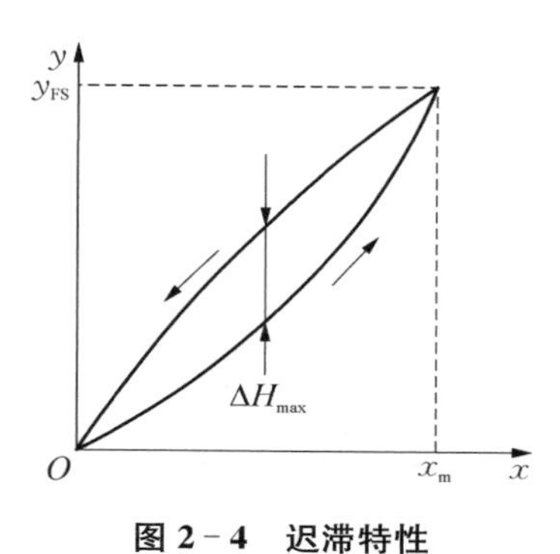

图 2－4 迟滞特性

迟滞 γ_H 用正、反行程输出值间的最大差值 $\Delta H_{\max}$ 与满量程输出 y_{FS} 的百分比比值表示，即

$$\gamma_H = \pm \frac{\Delta H_{\max}}{y_{FS}} \tag{2-4}$$

3. 重复性

重复性是指在惯性传感器量程范围内，在相同工作条件下，连续多次输入量时所得特性曲线的不一致程度。如图 2－5 所示为校正曲线的重复特性。

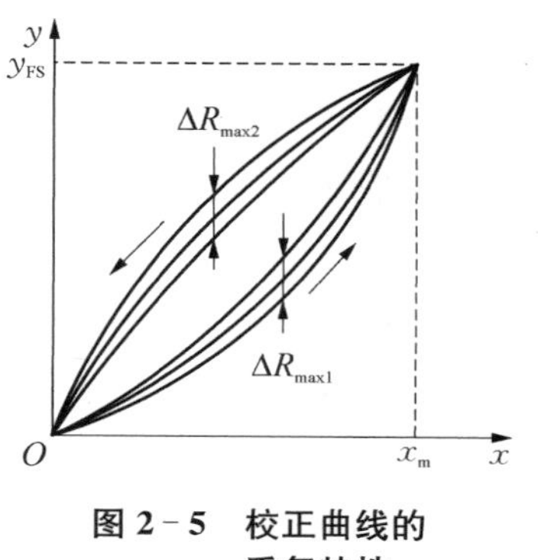

图 2－5 校正曲线的重复特性

重复性误差常用绝对误差表示，检测时选取几个固定特征输入值，对应每一点多次从同一方向趋近，获得输出值系列 y_{i1}，y_{i2}，y_{i3}，…，y_{in}，算出最大与最小值之差或使用标准偏差作为重复性偏差 ΔR_i，在几个 ΔR_i 中取最大值 $\Delta R_{\max}$ 作为重复误差。在计算中，用正、反行程的最大重复性偏差 $\Delta R_{\max}$ 除以最大量程输出 y_{FS} 的百分数表示重复性误差，即

$$Y_R = \pm \frac{\Delta R_{\max}}{y_{FS}} \tag{2-5}$$

在惯性传感器的重复性测量中，若不能完成全量程范围的重复性测试，通常采用固定特征输入值，按测量时间不同，进行多次输入测试，计算多次输出的差值或标准偏差，表征惯性传感器的重复性性能。比如，陀螺仪采用地球自转角速度和零输入进行零位和标度因数的八位置测试，得出逐次和逐日的重复性测试。加速度计在重力场的环境条件下通过采用不同时间进行四位置测试，按标准偏差计算多次测量得出偏值和标度因数的启动以及短期、长期重复性误差。

4. 灵敏度与灵敏度误差

惯性传感器静态灵敏度又称标度因数，为输出的变化量 Δy 与引起该变化量的输入变化量 Δx 之比，即

$$k=\frac{\Delta y}{\Delta x} \tag{2-6}$$

由式(2-6)可见，惯性传感器校准曲线的斜率就是其灵敏度 k。在线性惯性传感器中，其特性曲线的斜率处处相同，灵敏度 k 是常数。此外，特性拟合为直线的惯性传感器，也可认为其灵敏度为常数，灵敏度与输入量的大小无关。

由于某种原因，惯性传感器的灵敏度会变化，比如石英挠性加速度计中磁场强度变化，其标定因数就会发生变化，从而产生标度因数误差。灵敏度误差用相对误差表示，即

$$\gamma_{\mathrm{S}}=\frac{\Delta k}{k}\times 100\% \tag{2-7}$$

5. 分辨力与阈值

分辨力是指惯性传感器能检测到的最小输入增量。当输入量连续变化时，有的惯性传感器输出量只发生阶梯变化，此时输出量的每个“阶梯”所代表的输入量的大小即为惯性传感器的分辨力[9]。分辨力一般用输入增量的绝对值表示，也可用最小输入增量与量程的百分数表示。

惯性传感器阈值即在最小输入量附近，惯性传感器能够测量的阶梯变化，通常可以理解为在惯性传感器输入零点附近的分辨力。另外，惯性传感器测量的最小输入量通常称为死区。

6. 稳定性

稳定性又称为长时间工作稳定性或零点漂移，是指在长时间连续工作条

件下，惯性传感器输出量发生的变化。测试时，先将惯性传感器输出调至零点或某一特定点，相隔 4 h、8 h 等一定的工作时间或次数后，读出输出值，前后两次或多次输出值之差(或标准偏差表示)即为稳定性误差。稳定性误差可用相对误差表示，也可用绝对误差表示。

7. 精度

惯性传感器的精度是指在量程范围内，测量值与真值的接近程度。其中，准确度反映测量结果中系统误差的影响程度，精密度反映测量结果中随机误差的影响程度，精确度反映测量结果中系统误差和随机误差综合的影响程度，定量特征可用于表征测量的不确定度(或极限误差)。对于具体的测量，准确度与精密度反映的误差不一样，精密度高不表示准确度高；相反，准确度高也不代表精密度高；但精确度高，则精密度和准确度都高。

在惯性传感器测量中，精确度通常用测量结果的相对误差来表示。静态误差是在量程内任一点的惯性传感器输出值与其理论输出值的偏离程度，因此，静态测量精度可以按静态误差来表征。通常以全部校准数据与拟合直线上对应值的残差，求出以标准偏差 σ 表示的静态误差[13]，即

$$\sigma=\sqrt{\frac{1}{n-1}\sum_{i=1}^{n}(\Delta y_i)^2} \tag{2-8}$$

式中，Δy_i 为各测试点的残差；n 为测试点数。

一般取 2σ 和 3σ 为惯性传感器的静态误差，静态误差也可用相对误差表示为

$$\gamma=\pm\frac{3\sigma}{y_{\mathrm{FS}}}\times 100\% \tag{2-9}$$

静态误差是一项综合性指标，基本包括了阈值、死区、非线性误差、迟滞误差、重复性误差、灵敏度误差等，由下式可以把这些单项误差综合起来，即得静态误差：

$$\gamma=\pm\sqrt{\gamma_{\mathrm{L}}^2+\gamma_{\mathrm{H}}^2+\gamma_{\mathrm{R}}^2+\gamma_{\mathrm{S}}^2} \tag{2-10}$$

另外，温度漂移和其他各种环境抗干扰稳定性，也是惯性传感器静态测量误差的一些误差源，需要针对不同的惯性传感器进行不同的具体分析。

2.1.2 动态特性

惯性传感器的动态特性是指惯性传感器输出对于随时间变化的输入量的响应特性，是惯性传感器性能的一个重要方面，也是惯性传感器的输出值能够真实再现变化着的输入量能力的反映。惯性传感器输入量与输出量之间的时间函数关系可用动态特性来说明。惯性传感器的动态特性主要取决于惯性传感器本身，同时还与被测量随时间的变化形式有关。

惯性传感器一般由若干模拟、数字环节组成。某一类环节组成的惯性传感器的动态特性就取决于这类环节的动态特性。兼有多个环节的惯性传感器，需分别研究这些环节的动态特性，其中最薄弱环节的动态特性就决定了该惯性传感器的动态特性。惯性传感器动态测量输入信号分类如图 2-6 所示。

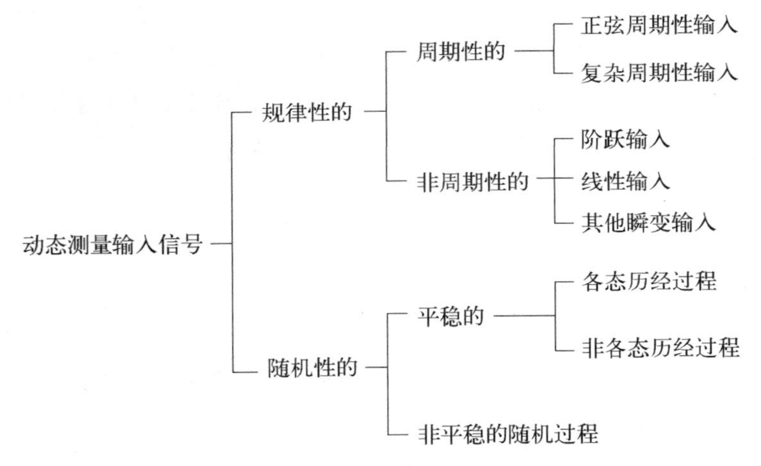

图 2-6 动态测量输入信号分类[9]

惯性传感器的动态特性通常只能根据输入量的“规律性”来研究惯性传感器的响应。对于复杂周期输入信号，可以将其分解为各种谐波，用正弦周期输入信号来代替；其他瞬变输入信号可用阶跃信号输入代替。因此，惯性传感器“标准”输入有正弦周期输入、阶跃输入和线性输入三种信号，而经常使用的是正弦周期输入信号和阶跃输入信号[9]。

分析惯性传感器的动态特性，首先要分析惯性传感器的数学模型，求得传递函数。绝大多数惯性传感器可以简化为一个线性时不变系统。系统时域的

数学模型可用常系数线性微分方程来描述，即

$$a_n \frac{\mathrm{d}y^n(t)}{\mathrm{d}t^n}+a_{n-1}\frac{\mathrm{d}y^{n-1}(t)}{\mathrm{d}t^{n-1}}+\cdots+a_1\frac{\mathrm{d}y(t)}{\mathrm{d}t}+a_0 y(t)$$

$$=b_m\frac{\mathrm{d}x^m(t)}{\mathrm{d}t^m}+b_{m-1}\frac{\mathrm{d}x^{m-1}(t)}{\mathrm{d}t^{m-1}}+\cdots+b_1\frac{\mathrm{d}x(t)}{\mathrm{d}t}+b_0 x(t) \quad (2-11)$$

式中，$n\geqslant m$。

对式(2-11)进行拉普拉斯变换，即得系统输出与输入的传递函数

$$\frac{y(s)}{x(s)}=H(s)=\frac{b_m s^m+\cdots+b_1 s+b_0}{a_n s^n+\cdots+a_1 s+a_0} \quad (2-12)$$

当输入量 x 按正弦函数变化时，输出量 y 也是同频率的正弦函数，其振幅和相位将随频率变化而变化的这一性质即为惯性传感器的频率特性。在复数域表明了系统的动态传输转换特性，反映了系统暂态输出、稳态输出与输入间的关系，系统内部结构参数决定了 $H(s)$的系数，与输入量无关。

设输入量 x 为

$$x=A\sin(\omega t+\phi_0) \quad (2-13)$$

输出量 y 为

$$y=B\sin(\omega t+\psi_0) \quad (2-14)$$

式中，A、B、ϕ_0、ψ_0 分别为输入、输出的振幅和初相角；ω 为角频率。

从而可得

$$W(\mathrm{j}\omega)=\frac{b_m(\mathrm{j}\omega)^m+\cdots+b_1(\mathrm{j}\omega)+b_0}{a_n(\mathrm{j}\omega)^n+\cdots+a_i(\mathrm{j}\omega)+a_0} \quad (2-15)$$

式中，$W(\mathrm{j}\omega)$为复数，用代数形式及指数形式表示，即

$$W(\mathrm{j}\omega)=k_1+\mathrm{j}k_2=k\mathrm{e}^{\mathrm{j}\phi} \quad (2-16)$$

式中，k_1、k_2 分别为 $W(\mathrm{j}\omega)$的实部和虚部；k、ϕ 分别为 $W(\mathrm{j}\omega)$的幅值和相角。

$$k=\sqrt{k_1^2+k_1^2} \quad (2-17)$$

$$\tan\phi=\frac{k_2}{k_1} \quad (2-18)$$

$$B\sin(\omega t+\phi_0)=kA\sin(\omega t+\phi_0+\phi) \tag{2-19}$$

式中，k 为动态灵敏度，表示输出量幅值与输入量幅值之比，为 ω 的函数，$k(\omega)$ 称为幅频特性；ϕ 为输出量的相位较输入量超前的角度，也是 ω 的函数，$\phi(\omega)$ 称为相频特性。

$$\begin{cases}|H(\mathrm{j}\omega)|=\dfrac{|y(\mathrm{j}\omega)|}{|x(\mathrm{j}\omega)|}=\dfrac{B}{A}\\ \phi(\omega)=\phi_y-\phi_x=\phi\end{cases} \tag{2-20}$$

当输入信号为稳态正弦时，测量系统的输出与输入的相对幅值误差为

$$\gamma(\omega)=\left|\frac{K\cdot|X(\mathrm{j}\omega)|-|Y(\mathrm{j}\omega)|}{K\cdot|X(\mathrm{j}\omega)|}\right|\times 100\%=\left|1-\frac{|W(\mathrm{j}\omega)|}{K}\right|\times 100\% \tag{2-21}$$

相位差为

$$\phi(\omega)=\phi_y-\phi_x \tag{2-22}$$

在时域中，通常采用时域分析法对惯性传感器的响应和过渡过程进行分析。惯性传感器对所加瞬态激励信号的响应称为瞬态响应，是时间域的响应。常用单位阶跃信号、斜坡信号、脉冲信号作为激励信号。阶跃信号是最基本的瞬态信号，工程中常以惯性传感器的阶跃响应来评价惯性传感器的动态性能指标。输入阶跃信号使惯性传感器的输入由 0 突变到 A，且保持为 A，此时惯性传感器的输出 y 将随时间变化，即输入为阶跃信号的惯性传感器响应，整个响应过程为惯性传感器的过渡函数。$y(t)$可能经过若干次振荡（或不经振荡）缓慢地趋向稳定值 kA，这里 k 为惯性传感器静态灵敏度。这一过程称为过渡过程，$y(t)$称为过渡函数。

$$a_n\frac{\mathrm{d}^n y}{\mathrm{d}t^n}+\cdots+a_1\frac{\mathrm{d}y}{\mathrm{d}t}+a_0 y=b_0 A \tag{2-23}$$

过渡函数是在 $t=0$、$y=0$ 等初始条件的特解。动态误差是过渡函数曲线上各点到 $y=kA$ 直线的距离。过渡过程基本结束后，输出值 y 处于误差 δ_y 允许范围内所经历的时间为稳定时间 t_ω。稳定时间也是惯性传感器重要的动态特性之一。绝大多数惯性传感器为零阶、一阶、二阶系统。

1. 零阶惯性传感器

零阶惯性传感器只有 a_0 和 b_0 两个系数，其微分方程为

$$y = \frac{b_0}{a_0} x = kx \tag{2-24}$$

式中，k 为静态灵敏度。

从式(2-24)可以看出，无论输入量随时间如何变化，零阶惯性传感器的输出值总是与输入量成比例，在时间上也不滞后。

2. 一阶惯性传感器

在工程中，一阶惯性传感器系统可以简化为弹簧-阻尼器的一阶系统环节，一阶系统如图 2-7 所示。

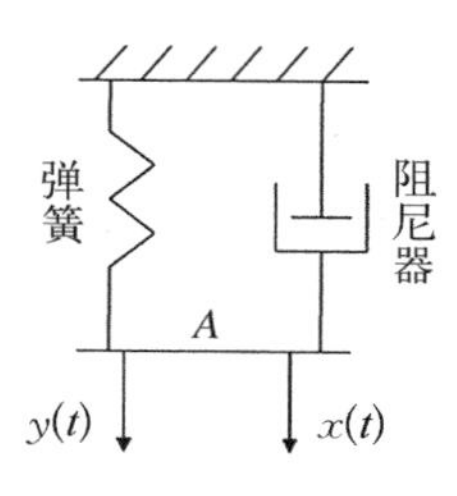

图 2-7　一阶系统

一阶系统的数学模型为

$$a_1 \frac{\mathrm{d}y}{\mathrm{d}t} + a_0 y = b_0 x \tag{2-25}$$

或

$$(\tau s + 1) y = kx \tag{2-26}$$

式中，τ 为时间常数，$\tau = a_1/a_0$；s 为系统函数变量；k 为静态灵敏度，$k = b_0/a_0$。时间常数 τ 和静态灵敏度 k 仅取决于系统结构参数。

传递函数为

$$H(s) = \frac{k}{1 + \tau s} \tag{2-27}$$

系统频率特性、幅频特性、相频特性分别为

$$H(\mathrm{j}\omega) = \frac{k}{1 + \mathrm{j}\omega\tau} \tag{2-28}$$

$$k(\omega) = \frac{k}{\sqrt{1 + (\omega\tau)^2}} \tag{2-29}$$

$$\phi(\omega) = -\tan^{-1}(\omega\tau) \tag{2-30}$$

一阶惯性传感器的幅频特性和相频特性如图 2-8 所示。

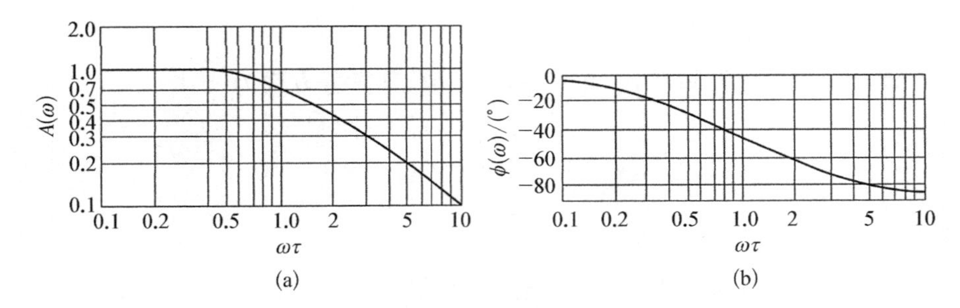

图 2-8　一阶惯性传感器的幅频特性和相频特性

(a) 幅频特性;(b) 相频特性

为使惯性传感器的输出量波形与输入量波形不失真,保持一致,要求幅频特性 $k(\omega)$近似为常量,同时要求时间滞后 $\phi(\omega)/\omega$ 近似为常量。当 $\omega\tau \ll 1$ 时,$k(\omega) \approx k$,同时可认为 $\tan\phi = \phi$, $\phi(\omega) \approx -\omega\tau$,则 $\phi(\omega)/\omega \approx -\tau$, 此时输出量相对于输入量的时间滞后基本上与 ω 无关,τ 越小,频响特性越好。当 $\omega\tau \ll 1$ 时, $A(\omega) \approx 1$, $\phi(\omega) \approx 0$, 表明惯性传感器输出-输入关系为线性关系,相位差也很小,输出值 $y(t)$比较真实地反映输入值 $x(t)$的变化规律。因此,可以通过减小 τ,改善一阶惯性传感器的频率特性。

3. 二阶惯性传感器

工程中,二阶惯性传感器系统一般简化为质量-弹簧-阻尼器二阶环节,如图 2-9 所示。

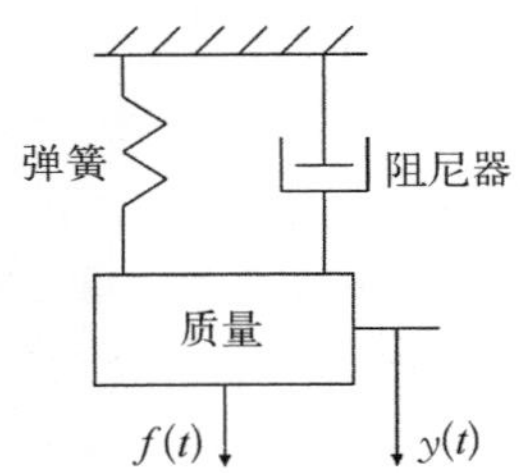

图 2-9　二阶惯性传感器系统

其数学模型为

$$a_2 \frac{\mathrm{d}^2 y(t)}{\mathrm{d}t^2} + a_1 \frac{\mathrm{d}y(t)}{\mathrm{d}t} + a_0 y(t) = b_0 x(t) \tag{2-31}$$

也可以写成

$$(\tau^2 s^2 + 2\xi\tau s + 1) y = kx \tag{2-32}$$

式中,τ 为时间常数, $\tau = \sqrt{a_2/a_0}$; ω_0 为自振角频率, $\omega_0 = 1/\tau$; ξ 为阻尼比, $\xi = a_1/(2\sqrt{a_0 a_2})$; k 为静态灵敏度, $k = b_0/a_0$。

二阶惯性器件的频率特性、幅频特性、相频特性分别为

$$W(\mathrm{j}\omega) = \frac{k}{1 - \omega^2\tau^2 + 2\mathrm{j}\xi\omega\tau} \tag{2-33}$$

$$k(\omega)=\frac{k}{\sqrt{(1-\omega^2\tau^2)^2+(2\xi\omega\tau)^2}} \tag{2-34}$$

$$\phi(\omega)=-\tan^{-1}\left(\frac{2\xi\omega\tau}{1-\omega^2\tau^2}\right) \tag{2-35}$$

其中,阻尼比 ξ 的影响较大。

当 $\xi\to0$ 时,在 $\omega\tau=1$ 处 $k(\omega)$ 趋于无穷大,这一现象称为谐振。随着 ξ 的增大,谐振现象逐渐不明显。当 $\xi\geqslant0.707$ 时,不再出现谐振,这时 $k(\omega)$ 将随着 $\omega\tau$ 的增大而单调下降。

当 $\xi=0$ 时,系统阻尼为零阻尼,输出呈现等幅震荡。

当 $\xi=1$ 时,系统阻尼为临界阻尼,特征方程有重根 $-1/\tau$。

当 $\xi>1$ 时,系统阻尼为过阻尼,特征方程有两个不同的实根。

当系统阻尼为临界阻尼和过阻尼时,该系统不再振荡,而是由两个一阶阻尼环节组成,前一个环节两个时间常数相同,后一个环节两个时间常数不同。

在工程实际中,惯性传感器 ξ 值一般应适当选择,稳定时间 t_ω 不可过长,冲量 ΔA 不可太大。一般 ξ 在 0.6~0.7 范围内,可以获得较为合适的输入-输出特性。对于正弦输入来说,当 ξ 在 0.6~0.7 范围内时,幅值比 $k(\omega)/k$ 在比较宽的范围内变化较小。通过计算表明,$\omega\tau$ 在 0~0.58 范围内时,幅值比变化不超过 5%,相频特性 $\phi(\omega)$ 接近于线性关系。$\xi<1$ 的二阶惯性传感器阶跃输入过渡过程如图 2-10 所示,图中,T 为振荡周期,t_r 为上升时间,t_m 为峰值时间,t_w 为调节时间。

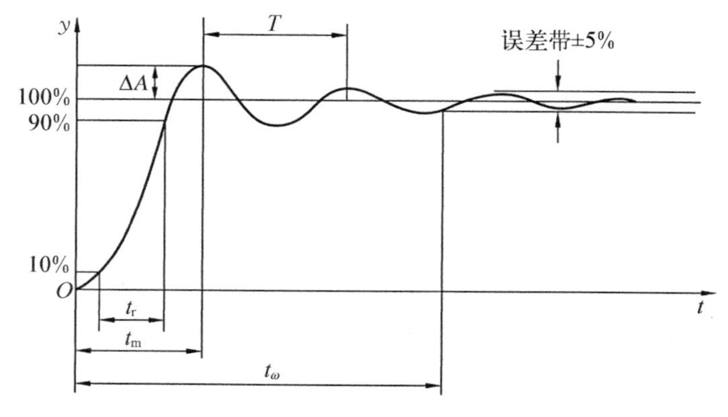

图 2-10　$\xi<1$ 的二阶惯性传感器阶跃输入过渡过程

2.2 标定与测试

惯性传感器的标定主要通过各种不同的实验，建立惯性传感器输入量与输出量之间的对应关系，确定惯性传感器零位、灵敏度、非线性等各种性能指标，同时明确这些指标所适应的工作环境和不同使用条件下的误差关系。惯性传感器的校准则利用地球自转角速度、高精度转台、重力场、精密离心机等对惯性传感器进行标定，通常需要明确惯性传感器失稳输入、输出变换对应关系。另外，惯性传感器经过一段时间储存或在系统使用后，需对其零位、误差漂移等性能参数进行校准。

惯性传感器的标定分为静态标定和动态标定。静态标定主要用于检验、测试惯性传感器的线性度、灵敏度、迟滞和重复性等静态特性指标；动态标定的目的是确定惯性传感器的频率响应、时间常数、固有频率和阻尼比等动态特性参数。

惯性传感器的静态标定需要在标准条件下进行，标定场所应没有加速度、振动、冲击影响，一般要求在恒温 20℃±5℃、相对湿度不大于 85%、大气压力为 101 325 Pa 的环境条件下进行。所用标定仪器设备精度等级要高于被标定的惯性传感器的测试精度，根据实验数据对惯性传感器进行各项性能指标进行标定。

惯性传感器静态标定步骤如下。

(1) 将惯性传感器的量程(测量范围)分成若干等间距测量点[14]。

(2) 根据测量点，由小到大逐一对惯性传感器输入标准量值，并记录与各输入值相对应的输出值。

(3) 根据输入测量点，由大到小逐一地对惯性传感器输入标准量值，并记录与各输入值相对应的输出值。

(4) 按第(2)(3)步所述正、反行程，对惯性传感器进行多次循环测试，将得到的输出、输入测试数据用表格列出或画出曲线。

(5) 处理测试数据，根据处理结果确定惯性传感器的线性度、灵敏度、迟滞和重复性等静态特性指标。

在完成静态标定后，需对惯性传感器进行动态标定。惯性传感器的动态标定主要研究惯性传感器的动态响应，根据惯性传感器动态特性分析与动态响应有关的参数，一阶惯性传感器只有一个时间常数 τ，二阶惯性传感器有固有频率 ω_n 和阻尼比 ξ 两个参数。对惯性传感器进行动态标定，首先需要对惯性传感器输入一个标准激励信号，通常采用标准单位阶跃信号和正弦信号，即以一个已知的单位阶跃信号作为输入激励，使惯性传感器按自身的固有频率进行振荡，记录惯性传感器的运动状态，从而确定其动态响应参数；或者对惯性传感器输入一个振幅和频率均为已知、可调的正弦信号，从而激励惯性传感器，记录惯性传感器的运动状态，确定惯性传感器的动态灵敏度、固有频率和带宽等惯性传感器的动态参数。

惯性传感器工作原理不同，技术参数也有所不同。陀螺仪通用的技术参数主要有量程、零位、零位稳定性及重复性、标度因数及其非线性、动态参数等，加速度计主要有偏值及其稳定性与重复性、标度因数及其稳定性与重复性、动态参数、量程、非线性等。

在陀螺仪测试过程中，主要通过陀螺仪的数学模型对陀螺仪进行性能参数测试，利用地球自转角速度，按北向基准的两个分量，通过使用转台进行八位置测试等方法，计算出陀螺仪的常值、标度因数、轴向误差、径向误差及随机误差等技术参数。经过多次测试，计算各项误差的差值作为陀螺仪逐日漂移等重复性、稳定性技术指标。在角振动台上进行陀螺仪动态性能的测试，同时利用速率转台进行陀螺仪的量程测试。

在加速度计测试过程中，主要在重力场中进行四位置等多位置输出测试。按加速度计数学模型，计算出加速度计的偏值、标度因数、二阶非线性以及失准角等技术参数，然后通过输入阶跃信号测试加速度计的动态性能参数。使用精密离心机完成加速度计的量程、非线性等性能参数的测试。随着惯性系统使用要求的不同，对加速度计全温偏值变化量、$0g$、$1g$ 输出稳定性等参数提出更多的考核要求。

第 3 章

角速度惯性传感器

本章主要介绍航向陀螺仪、动力调谐陀螺仪、光纤陀螺仪、激光陀螺仪和MEMS硅微陀螺仪角速度惯性传感器的工作原理、性能参数及其测试、试验方法等。

3.1 概述

角速度惯性传感器是测量系统角速度的惯性敏感器件，通常包含各种工作原理的陀螺仪。陀螺仪是主要的角速度测量传感器，它利用惯性原理测量相对惯性空间绕其输入轴的角运动。惯性空间是相对于恒星所确定的参考系，惯性坐标系是指向惯性空间的坐标系。在这个坐标系中，没有实际的旋转或非引力加速度，理想的陀螺仪输出为零。根据不同的工作，角运动有基于旋转转子的角动量、振动质量上的哥氏效应的运动以及在激光环圈或光纤线圈中反向传播光束产生萨尼亚克效应的运动。哥氏效应是由于惯性力作用，在旋转过程中，使直线运动的质点相对于旋转体系依然存在直线运动的现象。由于体系的旋转，一段时间后，质点相对体系的位置会发生偏移。

传统机械转子式陀螺仪的原理是基于角动量守恒定律，而 MEMS 陀螺仪的原理是基于振动质量的哥氏效应。当陀螺按旋转轴的方向转动时，若没有外力作用，它不会做任何改变；当陀螺仪受力时，便开始转动。当敏感元件在激励状态下振动时，角速度与振动方向垂直，元件开始以固有频率在另一方向振动，其相位与角速度的方向相关，幅度与角速度成正比，通过元件的振动即可得到陀螺仪的角速度。

在实际工程应用中，陀螺仪相对于惯性空间只对一个轴敏感，内环轴与转子自转轴正交于一点的陀螺仪属于单自由度陀螺仪。双自由度陀螺仪如图 3-1 所示，图中，A 是高速旋转的飞轮，即陀螺仪的转子；x 轴就是陀螺仪的自转轴；H 为转动惯量。转子先安装在一个水平的框架中，称为内环，转子连同内环一起可以绕着 y 轴转动。在图 3-1(a)中，内环通过水平轴支承在陀螺仪的底座上。在图 3-1(b)中，内环支承在一个垂直的框架内，称之为外环。外环通过一对轴承支承在陀螺仪的底座上(外壳体)，陀螺仪连同内环、外环一起可以相对壳体绕垂直的 z 轴一起转动。在图 3-1(a)中，陀螺仪转子除了绕自转轴 x 转动外，只能绕 y 轴转动。陀螺仪垂直于自转轴的转动称为进动，所以称为单自由度陀螺仪。图 3-1(b)的陀螺仪除绕自转轴 x 轴转动外，还可以绕另外两根与自转轴互相正交的 y 轴和 z 轴进动，所以称为双自由度陀螺仪。一般来说，对于转子式陀螺仪，将转子支承轴定义为自转轴，对最大的角速度输入敏感的轴定义为输入轴，与这两个轴平面垂直的轴定义为输出轴。设陀螺转子中心为 O，则 Ox 为自转轴，Oy 为输入轴，Oz 为输出轴。通过克服绕输出轴的对惯性高速旋转飞轮自转轴的弹性约束，其进动角度与壳体绕输入轴的角速度成比例，输出相对惯性空间的角速度成比例信号。速率积分陀螺仪由框架产生输出信号，其进动角度与壳体绕输入轴的角速度积分成比例[15]。重积分陀螺仪壳体进动角度与绕输入轴的角速度重积分是成比例的。

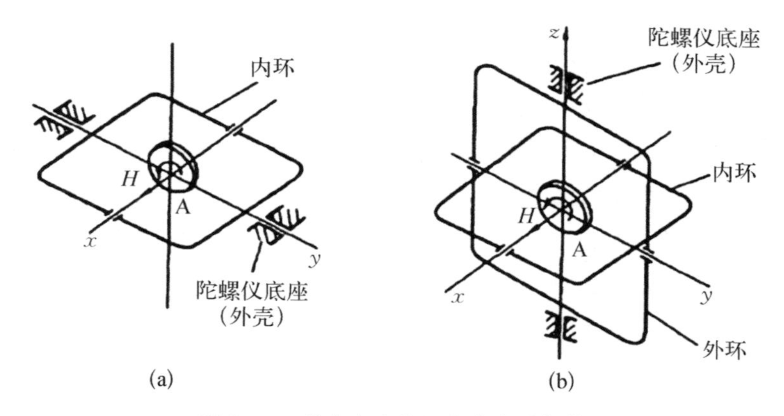

图 3-1　单自由度和双自由度陀螺仪

(a) 单自由度陀螺仪；(b) 双自由度陀螺仪

陀螺仪按其工作原理分为三大类：机械转子陀螺仪、振动陀螺仪和光学陀螺仪。液浮、动调、静电以及气浮自由转子、磁浮陀螺和超导陀螺都是转子陀螺仪器；利用自转转子的角动量或振动质量哥氏效应的是微机械陀螺仪；音叉振动陀螺、半球谐振陀螺、压电振动陀螺以及硅微陀螺仪是基于振动原理的陀螺仪；激光、光纤及集成光学（或称为光波导）陀螺仪则属于光学陀螺仪[15]。光学陀螺仪利用的是内部产生的反向传播光束的光程差。检测环式激光陀螺仪以萨尼亚克效应为基础，典型实施方式包括利用机械抗闭锁方法的三或四反射镜同平面装置、利用磁光抗闭锁方法的四反射镜不同平面装置。干涉型光纤陀螺仪同样以萨尼亚克效应为基础，典型实施方式是利用光纤线圈中反向传播光束之间的干涉模式。为了增强陀螺仪灵敏度，干涉型光纤陀螺仪在反向传播光束之间加上不可逆相移，通过在闭环模式下工作，增大干涉型光纤陀螺仪动态范围，提高了干涉型光纤陀螺仪标度因数线性度。其中，在开环状态下实现偏置调制解调的为干涉型开环光纤陀螺仪，在闭环状态下实现偏置调制解调的为干涉型闭环光纤陀螺仪，而闭环光纤是指在开环基础上将解调出来的开环信号作为误差信号反馈到光路中，产生因旋转引起的相位差大小相等、符号相反的反馈相位差，将光纤陀螺仪的总相位差控制在零位上。谐振型光纤陀螺仪利用光纤谐振腔内循环光波之间的多次干涉，调节光源频率和腔长满足一个方向的谐振要求，在另一个方向上检测谐振频率变化的测量角速度；布里渊型光纤陀螺仪使用大功率输出光源的入射在光纤中引起布里渊散射原理，形成光纤激光器，通过检测顺时针和逆时针方向传播的两束布里渊散射光之间的频差测量角速度[15]。

半球谐振陀螺仪是一种没有转动结构的能测量运动角速度的固态陀螺仪，也是利用谐振振子检测转动角速度的振动陀螺仪，以绕半球形薄壁谐振器的驻波进动为原理，无旋转质量，但具有惯性旋转敏感器的功能，其结构如图 3－2 所示。

微机械陀螺仪是采用微电子技术和微机械技术的新一代陀螺仪。微机械陀螺仪的理论基础是哥氏效应，表示质量为 m 的物体在半径为 r 的圆上以 θ 的角速度运动时，即可产生大小为 F 的哥氏力。典型的微机械陀螺仪的垂直构件是一个质量块，由单晶硅片经过化学蚀刻工艺制作而成。微机械陀螺仪没有转子，采用绕挠性枢轴的振动代替。

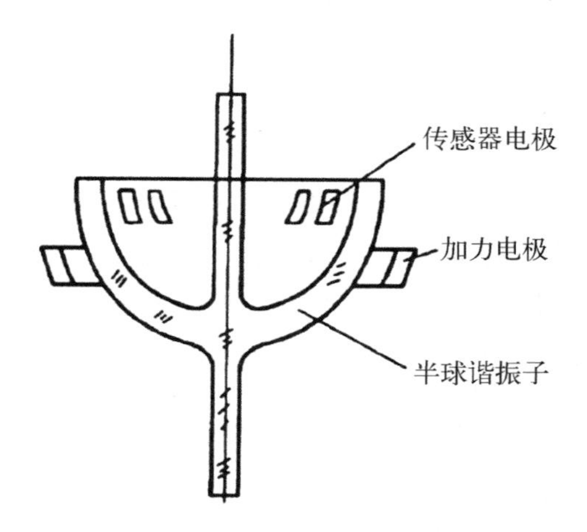

图 3－2　半球谐振陀螺仪结构

3.2　航向陀螺仪

航向陀螺仪是测量飞行器航向角的一种双自由度陀螺仪。飞行器的纵轴在水平面上的投影与子午线之间的夹角是飞行器的航向角。由于子午线有地理子午线(又称真子午线)和磁子午线之分,所以飞行器的航向角也有磁航向角和真航向角之分。测量航向角时需要在飞行器上建立一个磁子午线基准或地理子午线基准。利用双自由度陀螺仪测量飞行器航向角时,需建立一个相对子午面稳定的方位基准,根据陀螺仪的稳定性与进动性,在陀螺仪上增设适当的元件或装置,使自转轴能跟踪当地子午线。航向陀螺仪的用途如下。

(1) 航向陀螺仪是主要的航行驾驶仪表之一。当飞行器在强磁地区或高纬度地区转弯或盘旋飞行时,可通过航向陀螺仪判断飞行器的航向角,使飞行器按照预定的航向飞行。

(2) 航向陀螺仪是飞行器自动驾驶仪的主要部件之一。自动驾驶仪操纵飞行器时,航向陀螺仪作为飞行器航向角的敏感元件,测量飞行器偏离角度(即航向角),将敏感的航向角转换成电信号传输给自动控制系统,通过飞行器尾翼控制飞行器按照预定飞行航向飞行。

航向陀螺仪由一个双自由度陀螺组成,使用时陀螺仪自转轴水平放置,外环轴平行于地垂线,外环轴作为航向角的测量轴[16]。当飞行器航向角改变时,固连在飞行器上的陀螺仪壳体随飞行器改变角度，而根据陀螺仪的定轴性，自转轴带动外环仍稳定在原来自转轴的方位，此时飞行器的航向角即为通过电位计测得的陀螺仪壳体沿外环轴转动的角度。

根据陀螺仪的定轴性原理，双自由度陀螺仪高速旋转的自转轴相对于惯性空间具有很高的方位稳定性。当陀螺仪外壳感受到飞行器受加速度或外界磁场干扰时，陀螺仪绕外环轴仍然保持稳定原来的方位。因此，就可以在有干扰的情况下建立一个相对于子午面稳定的测量航向角的基准，从而准确地测量出飞行器的航向角。但是，陀螺仪自转轴在子午线方向的稳定定位精度受到陀螺仪漂移、地球自转及飞行速度等因素的影响。首先，自转轴将绕内环轴逐渐偏离水平面，自转轴与外环轴不能保持垂直，有时两轴甚至重合在一起，此时陀螺仪将出现“框架自锁”现象。另外，当陀螺仪自转轴绕外环轴逐渐偏离子午面时，会影响陀螺仪航向角的测量。

由此可见，在短时间内，不加修正的双自由度陀螺仪可以作为航向的测量基准，而在经历较长时间的工作后，需要对陀螺仪进行水平修正和方位修正，消除“框架自锁”现象和陀螺仪自转轴绕外环轴逐渐偏离子午面造成的测量误差。水平修正目的是使自转轴与外环轴保持相互垂直的关系，使陀螺仪自转轴保持水平；方位修正目的是修正航向陀螺仪绕外环轴的方位稳定精度，提高航向角的测量精度。

3.2.1 组成

航向陀螺仪一般分为不带随动环与带随动环两类。不带随动环的航向陀螺仪需要水平修正、方位修正装置进行自转轴方位修正，同时增加角度信号传感器，将航向角信息传输给飞行控制器。其中，水平修正装置是由敏感元件与执行元件组成的。敏感元件多采用如液体开关的摆式敏感元件，将敏感元件安装在内环上；执行元件通常为安装在外环轴方向的电机，修正自转轴与外环轴的垂直关系。当自转轴绕内环轴偏离水平面时，敏感元件输出角度相应的控制信号经放大后驱动修正电机产生一个相应的绕外环轴作用的修正力矩，使陀螺仪自转轴绕内环轴进动，而保持水平位置，保证自转轴与外环轴的相互垂直关系。水平修正装置通过保持自转轴水平来保持自转轴与外环轴的垂直关系。另外，框架修正装置直接保持自转轴与外环轴的垂直关系。框架修正装置的敏感元件由安装在内环轴上的换向器和固定在外环上的电刷组成。当自转轴与外环轴垂直时,电刷位于接触器的绝缘区,此时不需修正,修正电路断开,力矩电机不工作,产生修正力矩。当自转轴与外环轴不垂直时,电刷滑动到接触器的导电片上,电路接通,力矩电机产生的修正力矩作用在外环轴上,陀螺仪进动,驱动自转轴绕内环轴进动,从而使自转轴与外环轴恢复垂直[10]。由于电刷与导电片摩擦会产生干扰力矩,因此,为了减少干扰力矩产生的误差,高精度的航向陀螺仪多采用光电传感器作为无接触式的敏感元件。

航向陀螺仪通常采用修正电机进行方位修正,修正电机安装在内环轴方向上。当需要修正方位时,控制盒发送方位修正信号,方位修正电机产生绕内环轴作用的修正力矩,使陀螺仪绕外环轴进动,达到跟踪子午面相对惯性空间的方位变化的作用,提高航向陀螺仪的方位稳定精度。

信号传感器传输航向角信息,通常将整角机或电位器安装在外环轴方向,将整角机的转子固定安装在陀螺外环上,定子与陀螺仪壳体固连,从而输出飞行器航向角的电气信号。也可将航向刻度盘安装在陀螺仪外环上,指针安装在陀螺仪壳体上,从而直接读出飞行器航向角。由于航向陀螺仪不具备自动找北的特性,因此,飞行器需根据磁罗盘或天文罗盘的航向指示,调整航向陀螺仪的航向指示,从而得出航向角信息。另外,方位修正装置也不能完全消除航向陀螺仪相对于子午面的方位偏离,在使用过程中,需要每间隔一定时间,根据其他罗盘系统的航向指示,调整航向陀螺仪的航向指示,即航向校正或航向协调。

航向陀螺仪的随动环含倾斜随动环和俯仰随动环。其中,带随动环的航向陀螺仪在安装时,倾斜随动环轴与飞行器纵轴平行,俯仰随动环轴与倾斜随动环轴垂直。同时,在两个随动环轴上分别安装信号传感器,通过两个伺服电机及其减速器分别驱动两个随动环绕各自轴转动。通过飞行器安装的垂直陀螺仪,将飞行器倾斜和俯仰角信号与航向陀螺仪随动环轴上信号传感器输出的对应信号相比较,控制倾斜随动环轴和倾斜随动环轴的伺服电机,经减速器带动相应的随动环转动,使航向陀螺仪的外环轴与垂直陀螺仪的自转轴相一致,保证了当飞行器倾斜或俯仰时,航向陀螺仪的外环轴仍始终处于地垂线位置[10]。航向陀螺仪结构原理如图 3－3 所示。

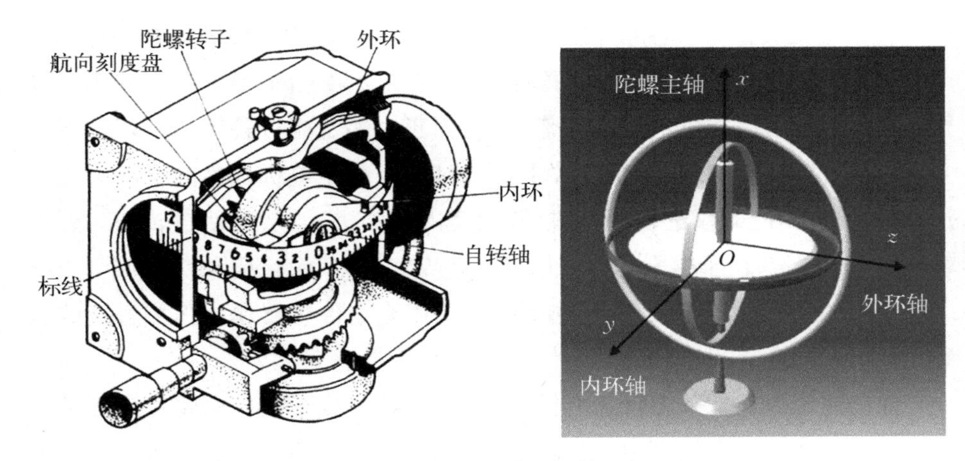

图 3-3　航向陀螺仪结构原理

3.2.2　测量及误差分析

1. 航向陀螺的性能指标及测量

航向陀螺仪是在飞行器上建立一个相对子午面稳定的方位基准，利用自转轴跟踪当地子午线，从而对飞行器航向角进行测量。因此，自转轴的稳定性误差将直接影响飞行器航向角的测量精度。航向陀螺仪的性能指标主要有航向陀螺仪漂移、水平修正速度和工作准备时间等。

1）航向陀螺仪漂移

航向陀螺仪漂移是在摩擦力矩和不平衡量引起的力矩作用下，陀螺仪产生进动角速度以及地球自转角速度的垂直分量，导致航向陀螺仪电机轴以其合成的角速度绕地垂线转动，是航向陀螺仪的主要性能指标。

航向陀螺仪漂移是由摩擦力矩引起的随机漂移，通过方位修正装置可以对表观误差与不平衡量引起的常值漂移进行补偿，航向陀螺仪的随机漂移率一般为 2°/h～6°/h，较高精度的航向陀螺仪的随机漂移率为 1°/h～2°/h。

在测量航向陀螺仪漂移时，将陀螺仪安装在水平静止基座上，使航向陀螺仪处于半罗盘工作状态，然后记录在任意航向上航向角输出值的变化，经过多次测试，计算测试数据的均方根(root mean square, RMS)即为航向陀螺仪漂移值。同时，在测量航向陀螺仪漂移时，须扣除表观误差($\omega_e \sin\phi$，ω_e 为地球自转角速度，ϕ 为当地纬度)的影响。

2）水平修正速度。

航向陀螺仪的水平修正速度是其在水平修正装置的电机输出的修正力矩作用下，使自转轴恢复水平位置的速度。修正过程中，航向陀螺仪的水平修正速度应大于外环轴上所有干扰力矩引起的进动角速度与地球自转角速度的水平分量之和。水平修正速度不宜过大，否则会导致航向摇摆漂移增加，水平修正速度一般应为1°/min～10°/min。在测量水平修正速度时，需沿外环轴施加一个修正力矩，使陀螺仪绕内环轴进动一个角度，通过测量陀螺仪自转轴恢复到水平位置的时间，从而计算出水平修正速度。

3）工作准备时间。

工作准备时间是指航向陀螺仪电机的转速高于预定值而且有足够稳定性的时间，此时陀螺仪输出满足性能指标要求。航向陀螺仪的电机一般为三相陀螺电机，其启动时间较短，达到70%满转速的时间约为45 s。若使用单相异步陀螺电机，启动时，电机转速上升较慢，达到额定转速所需的时间一般为3～5 min，因此，一般在陀螺仪中设置高压启动电路，缩短电机达到额定转速的时间，提高陀螺仪的启动性能。

2. 航向陀螺仪误差分析

航向陀螺仪误差主要包含方位稳定误差、支架误差和盘旋误差3种。方位稳定误差是自转轴与子午线发生相对运动引起的；支架误差是飞行器俯仰、倾斜时外框轴偏离地垂线引起的；盘旋误差是飞行器盘旋过程中水平修正引起的。

1）方位稳定误差

航向陀螺仪方位稳定误差是由于陀螺仪漂移、地球自转和飞行速度所引起的自转轴相对于子午面的偏离而引起的，表示如下：

$$\dot{a}=\frac{M_{\mathrm{dx}}}{H}-\omega_{\mathrm{e}}\sin\phi-\frac{V\sin\psi}{R_{\mathrm{e}}}\tan\phi \tag{3-1}$$

式中，$\dot{a}$ 为方位稳定误差；M_{dx}为干扰力矩；ψ 为飞行器航向角；V 为飞行器飞行速度；H 为陀螺角动量；R_{e} 为地球半径。

（1）陀螺仪漂移误差。由陀螺仪内环轴上的摩擦力矩、不平衡力矩、非等弹性力矩等干扰力矩引起的漂移为陀螺仪漂移误差。其中，不平衡力矩、非等弹性力矩引起的误差为常值漂移，可以通过方位修正来补偿。而陀螺仪内环轴上的摩擦力矩为随机干扰力矩，不能通过方位修正来减小，需优化内环支承方式，采取旋转轴承及换向机构的方式减小其摩擦力矩，减小方位稳定误差。

（2）地球自转误差。地球自转误差会对陀螺仪方位角测量产生影响，其使陀螺仪产生的误差也称表观误差。一般采取方位修正措施补偿地球自转误差。由于地球自转误差的补偿量与纬度有关，需根据飞行器所在地的不同纬度，对方位修正力矩电机施加不同的控制信号，产生相应的修正力矩。当修正力矩的量值为 $H\omega_e \sin\phi$ 时，地球自转误差便可得到完全的补偿。当方位修正力矩为常值时，输出的修正力矩不能按飞行器所在纬度的变化而自动进行调节，从而产生误差，这种误差称为纬度误差。

（3）速度误差。速度误差与飞行速度、航向角以及飞行器所在地的纬度等参数有关，影响因素较多。当飞行器在高纬度地区飞行时，容易产生大的速度误差。在陀螺磁罗盘中的航向陀螺仪中，主要通过航向校正的办法来加以补偿。另外，在自动驾驶仪中，自动驾驶仪主要控制飞行器作大圆圈飞行，此时航向陀螺仪相对大圆圈平面保持方位稳定，输出飞行器相对大圆圈平面的偏航信号，不存在飞行速度误差，所以此时的航向陀螺仪对速度误差没有必要补偿。

2）支架误差

支架误差是飞行器在俯仰、倾斜时，航向陀螺仪支架（内环和外环）发生倾斜，产生的航向角误差。飞行器的航向角是飞行器纵轴在水平面上的投影与子午线之间的夹角。这个角度是绕着地垂线的转角，飞行器航向角的定义轴是地垂线。航向陀螺仪中的双自由度陀螺仪、外环轴与飞行器的竖轴平行，陀螺仪的定子、转子分别安装在外环与壳体上，壳体绕外环轴转动的角度即为测量到的航向角，航向陀螺仪的测量轴是外环轴。当飞行器平直飞行时，外环轴与垂线相重合，飞行器航向角的定义轴与航向陀螺仪航向角的测量轴重合。当飞行器俯仰或倾斜时，航向陀螺仪支架发生了倾斜，外环轴跟随飞行器俯仰或倾斜与垂线发生偏离，此时航向陀螺仪航向角的测量轴与航向角的定义轴不重合，导致了航向角测量误差，这种测量误差即为航向陀螺仪的支架误差。支架误差是几何性质的误差，若航向角测量轴与定义轴相重合，支架误差即消失。支架误差与俯仰或倾斜的角度的关系如下：

$$\Delta\psi = \arctan\frac{\tan\psi(\cos\theta - \cos\gamma) - \sin\gamma\sin\theta}{\cos\theta + \tan^2\psi\cos\gamma + \tan\psi\sin\gamma\sin\theta} \tag{3-2}$$

通过分析，消除支架误差的唯一方法是在航向陀螺仪中增设随动环和相应的随动系统，通过随地动系统伺服电机驱动，使航向陀螺仪外环轴在飞行器倾斜或俯仰时始终处于地垂线位置。

3）盘旋误差

当飞行器盘旋时，由于水平修正装置的敏感元件受向心加速度的干扰，敏感元件输出误差信号，从而产生错误的水平修正力矩引起的误差即为盘旋误差。盘旋误差与盘旋时间有关，是随盘旋时间积累的误差。因此，在飞行器盘旋后，需要其他罗盘校正航向陀螺仪的输出，以消除盘旋误差。在飞行器盘旋时，一般通过切断航向陀螺仪的水平修正或框架修正消除盘旋误差。

3.3　动力调谐陀螺仪

3.3.1　组成

动力调谐陀螺仪为双轴陀螺仪，由驱动电机、挠性支承系统、陀螺飞轮、电感传感器、陀螺力矩器、前置放大电路及密封壳体组件等组成。挠性支承系统由内、外挠性接头通过粘接激光焊接而成，与陀螺飞轮固连在一起，驱动电机工作时，带动平衡环和内外挠性轴一起高速旋转，高速旋转的陀螺飞轮产生陀螺定轴、进动所需的动量矩。传感器为电感式传感器，检测陀螺仪壳体相对陀螺飞轮自转轴的转角，提供角度输出信息。力矩器为永磁式力矩器，对陀螺飞轮施加控制力矩，使陀螺飞轮进动而跟踪壳体运动，力矩器的力反馈工作电流与被测角速度成比例，通过对该电流取样并进行积分运算，即可获得载体角运动参数。驱动电机为磁滞同步电机，电机转子驱动轴通过内、外衬套和一对高速滚珠轴承与挠性支承连接，电机定子固定安装在壳体上。陀螺电机与陀螺飞轮通过挠性支承系统连接在一起。其中，挠性支承系统的内挠性接头的外环与外挠性接头的内环组成挠性支承系统的平衡环。当驱动电机驱动转子高速旋转时，通过内挠性接头带动平衡环旋转，平衡环再通过外挠性接头带动陀螺飞轮旋转，当陀螺飞轮绕内挠性轴有转角时，陀螺飞轮通过外挠性轴带动平衡环一起绕内挠性轴偏转，这时内挠性轴将产生扭转弹性变形；当陀螺飞轮绕外挠性轴有偏角时，不会带动平衡环绕外挠性轴偏转，而是外挠性轴产生扭转弹性变形。由内、外挠性轴和平衡环组成的挠性支承系统，一方面起着支承陀螺飞轮的作用，另一方面提供陀螺飞轮相对壳体所需的转动自由度。内、外挠性轴应具有高抗弯曲刚度和低抗扭转刚度。当自转轴与驱动轴间出现相对偏角时，内、外挠性轴产生扭转弹性变形和正弹性约束力矩。平衡环一方面随陀螺飞轮一起高速旋转，另一方面相对陀螺飞轮以与偏转角相同的振幅做复合扭摆运动，并产生与正弹性约束力矩相反的弹性补偿力矩，作用在陀螺飞轮上，以消除正弹性约束力矩，从而实现自由支承。

动力调谐陀螺仪输出轴与对应载体惯性坐标系角速度输入轴一致并固连，工作时，当运动载体相对于惯性空间存在角运动，直接装在载体上的陀螺仪传感器敏感并检测出载体相对于惯性基准的偏转角，输出与该偏转角信号成比例的电压信号，输出的电压信号经由再平衡回路放大后输至陀螺仪的伺服放大器，产生与该电压信号成比例的电流信号，经过陀螺仪力矩器的控制线圈，在永磁场作用下，产生相应的电磁力矩，作用在陀螺转子上，陀螺转子发生进动，快速跟踪载体的角运动。载体相对于惯性空间绕陀螺仪两输出轴的角速度可通过测量相应力矩器线圈中的电流而得到，一般该电流经过电流/频率(current/frequency, I/F)转换可变成脉冲频率输出，成为数字信号。动力调谐陀螺仪原理如图 3-4 所示，双轴动力调谐陀螺仪如图 3-5 所示，动力调谐陀螺仪的挠性支承系统及陀螺飞轮如图 3-6 所示。图中，ω_x 和 ω_y 均为输入角速度。

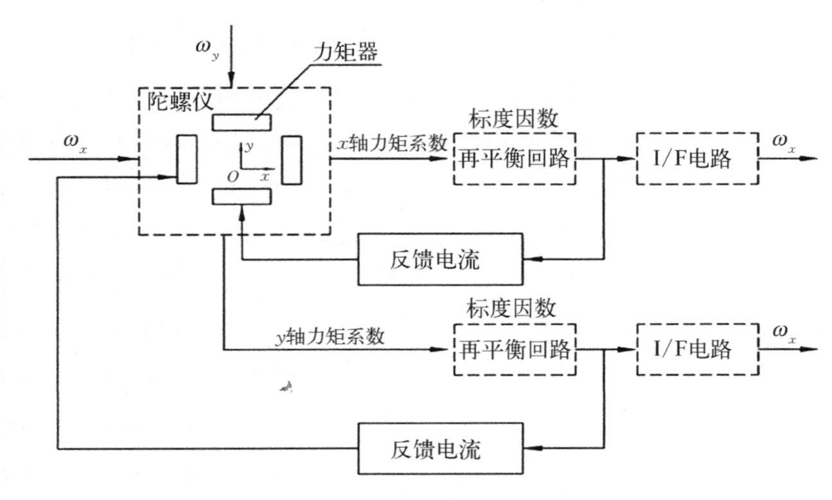

图 3-4　动力调谐陀螺仪原理

图 3-5　双轴动力调谐陀螺仪

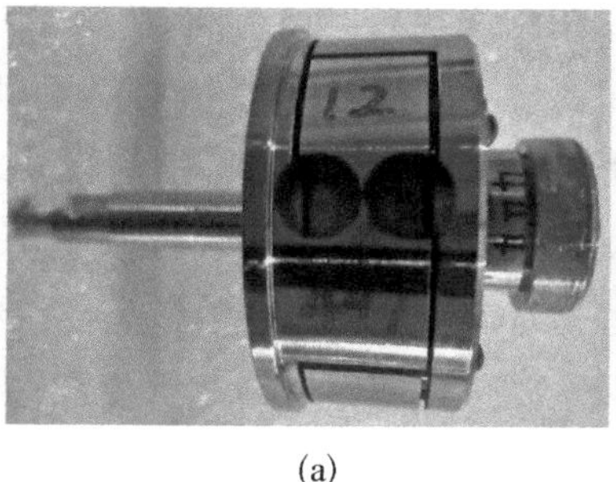

(a)

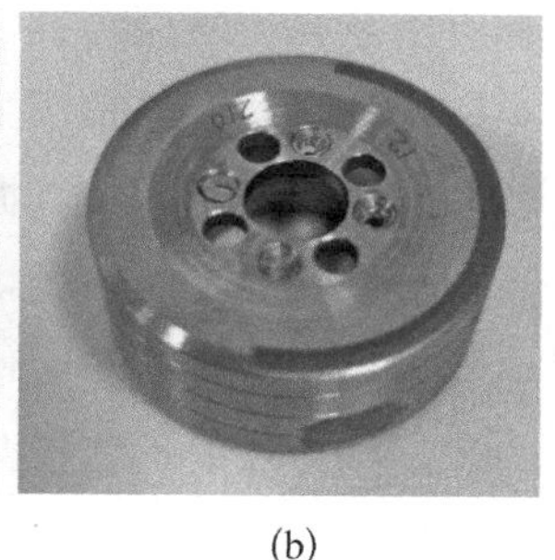

(b)

图 3-6　动力调谐陀螺仪的挠性支承系统及陀螺飞轮
(a) 挠性支承系统;(b) 陀螺飞轮

传感器定子组件与飞轮组件上的导磁环构成电感式传感器,用来测量陀螺仪底座相对于陀螺转子的偏转角信号,此信号经再平衡回路后输至力矩器控制绕组,通过再平衡回路的反馈力矩电流测量输入角速度。力矩器组件与陀螺转子上磁钢组件组成的永磁动铁式力矩器,可对陀螺仪施加必要的控制力矩。动力调谐陀螺仪施加力矩如图 3-7 所示。图中,R_{cp}为力臂,F 和 F'为电磁力,S 和 N 为永久磁铁极性,ω 为转子旋转角速度。

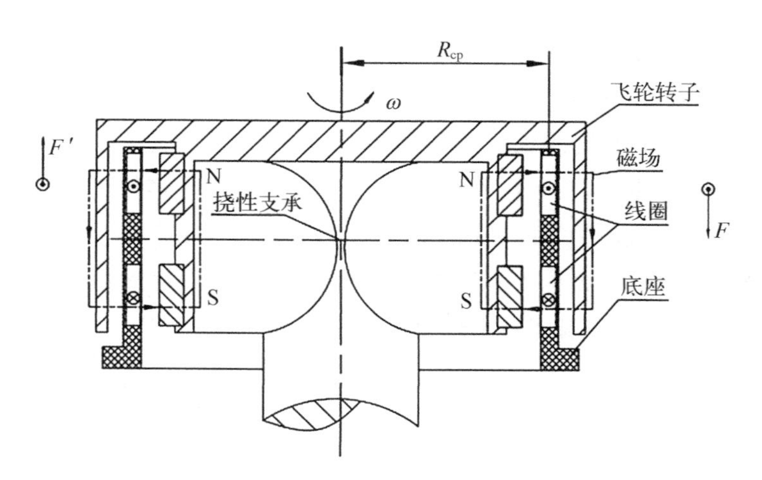

图 3-7　动力调谐陀螺仪施加力矩

3.3.2　漂移

动力调谐陀螺仪是惯性敏感传感器,按角速度测量传感器不同,其技术指标有所差异。通用的技术指标主要有测量范围、精度、测量误差、动态性能等。早期的动力调谐陀螺仪主要应于飞行器航行驾驶仪表，测量飞行器航向、姿态或角速度等信息。随着惯性导航系统发展，特别是捷联式惯导系统逐渐成为飞行器主要的导航系统，已经取代早期的航向姿态系统。动力调谐陀螺仪是惯性导航系统的核心元件之一，其漂移误差是影响导航精度的主要因素。动力调谐陀螺仪的性能指标主要包含动力调谐陀螺仪漂移、测量范围、标度因数稳定性等。

1. 动力调谐陀螺仪的漂移率

动力调谐漂移率是衡量动力调谐陀螺仪测量精度的主要指标。一般动力调谐陀螺仪的漂移为

$$\omega_{\mathrm{d}}=\frac{M_{\mathrm{d}}}{H} \tag{3-3}$$

由式(3-3)可知，漂移率 ω_{d} 与干扰力矩 M_{d} 成正比，与角动量 H 成反比，单位一般为°/h。有时还采用相对于地球自转角速度的千分之一作为漂移率的单位，即毫地速，用 meru 代表，即 1 meru=0.015°/h，0.01°/h 漂移率即为 0.667 meru。

对于单自由度陀螺仪，其漂移率定义为输入角速度为零时陀螺仪的输出量，通常用等效的输入角速度表示。当输入角速度为零时，输出轴上的干扰力矩也会引起动力调谐陀螺仪绕输出轴转动并输出一定的转角。在描述单自由度陀螺仪的漂移率时，只有输入一定角速度，动力调谐陀螺仪输出才为零。使动力调谐陀螺仪输出为零的输入角速度即为单自由度陀螺仪的漂移率。单自由度陀螺仪的漂移率也称为零偏或偏值。漂移是针对自由陀螺仪中转子轴的运动而言的，而偏值是针对速度陀螺仪而言的。

对于双自由度陀螺仪，漂移角速度为干扰力矩产生的进动角速度。动力调谐陀螺仪漂移率越小，方位基准的精度也越高，因此双自由度陀螺仪漂移率是衡量姿态角测量精度的主要指标。

动力调谐陀螺仪漂移率包括有一定变化规律的常值偏值，以及没有一定变化规律的随机漂移。常值漂移可以进行补偿。因此，动力调谐陀螺仪精度的指标主要是指随机漂移率的大小，采用均方根误差 σ(单位为°/h)来表示。

随机漂移是围绕某一平均值 μ(即数学期望值)做无规律变化的随机变

量，其误差大小用动力调谐陀螺仪输出的漂移数据标准偏差表示。在试验中，若动力调谐陀螺仪输出的漂移数据均值 μ 是常值，则称为常值漂移。但在具体的工程实践中，这个"常值"会随着动力调谐陀螺仪工作启动次数发生无规律的变化，这种随机漂移就是所谓的"逐次漂移"。逐次漂移率表征了动力调谐陀螺仪漂移的稳定性，又称漂移稳定性或零偏稳定性。

在惯性导航系统中，角速度测量精度要求一般为 0.01°/h(1σ)，对于角速度敏感器件，其随机漂移率和漂移稳定性应提高一个精度等级。当然，精度更高的惯导系统已把动力调谐陀螺仪的随机漂移率指标提高到 0.001°/h(1σ)甚至 0.000 1°/h(1σ)。

2. 测量范围

通常在不同的测量范围，动力调谐陀螺仪的线性度考核指标应不同，尤其是在大角速度测量范围。动力调谐陀螺仪最小测量角速度 $\omega_{\min}$ 又称阈值或门限，其数值至少为动力调谐陀螺仪漂移角速度的 1/3 乃至更小。对于最大测量角速度 $\omega_{\max}$ 的数值，平台式与捷联式惯导系统有很大的差别。平台式惯导系统的 $\omega_{\max}$ 可以取为地球自转角速度的几倍；而捷联式惯导系统的 $\omega_{\max}$ 可能高达每秒几十度甚至几百度，测量范围将达到 10^6°/h～10^9°/h。

3. 动力调谐陀螺仪标度因数的稳定性

标度因数是指动力调谐陀螺仪输出量的变化与输入量的变化的比值。在测试过程中，动力调谐陀螺仪标度因数通常在测量范围内，测量数据以某一特定方法拟合直线的斜率表示。该直线可以根据在整个输入范围内，选择几个特征点的输入量所得到的输出/输入数据，采用最小二乘法进行拟合求得。在动力调谐陀螺仪工作过程中，如果标度因数发生变化，则会影响动力调谐陀螺仪的输出，导致角速度的测量误差。因此，标度因数一般应具有 50 ppm 的高稳定性。

由于动力调谐陀螺仪的漂移误差是惯导系统中影响最大的误差源，因此，应对动力调谐陀螺仪漂移的性质、变化规律做进一步的研究，分析其误差特性，从而降低动力调谐陀螺仪的漂移率，使其满足航系统精度要求。根据动力调谐陀螺仪产生的干扰力矩性质和变化规律，动力调谐陀螺仪的漂移大体分为系统性漂移与随机漂移两大类。

1）系统性漂移

系统性漂移由有规律性的动力调谐陀螺仪干扰力矩造成的。这类干扰力矩有确定的规律可遵循，适宜对其进行调整或误差补偿。有些干扰力矩在某一段试验时间之内可以找到它的大小、变化规律而加以补偿，经过一段时间的实际使用之后，力矩的数值可能会发生变化，因而必须重新测试、补偿。根据动力调谐陀螺仪漂移与系统加速度之间的关系，可以把系统性漂移分成三类。

（1）与加速度无关的漂移。与加速度无关的漂移一般由弹性力矩、电磁或静电干扰力矩以及动力调谐陀螺仪转子轴与框架轴不垂直时，转子转速改变所引起的干扰力矩等所引起，单位为°/h 或 meru。

（2）与加速度成比例的漂移。与加速度成比例的漂移一般是由于动力调谐陀螺仪的质量中心偏离框架轴线形成的质量不平衡所引起，单位为(°/h)/g。

（3）与加速度平方成比例的漂移。与加速度平方成比例的漂移一般是由动力调谐陀螺仪结构中非等弹性变形所引起，单位为(°/h)/g^2。

2）随机漂移

随机漂移是由动力调谐陀螺仪非确定性的随机干扰力矩所引起的，如噪声、轴承转动摩擦、转子旋转、由于机械振动而引起的变形、弹性材料及胶结的蠕变等引起的干扰力矩。这种力矩没有确定的规律性，不能用简单的方法进行补偿。

3.3.3 性能参数与测试

动力调谐陀螺仪使用同一套电机驱动飞轮提供角动量，正交的力矩器、传感器同时检测两个正交输入轴的角速度。因此，需要对电机运转频率进行精确调整，保证调谐频率精度，使电机平稳运转。与此同时，在装配调试环节，需对传感器输入输出特性、力矩器系数等指标进行测试。在动力调谐陀螺仪性能指标测试过程中，通过在地球不同纬度，以自转角速度投影量为输入基准，将动力调谐陀螺仪输入轴分别与地球自转轴保持一致或垂直，计算动力调谐陀螺仪的输出，进行八位置测试，分离出动力调谐陀螺仪每个输入轴的各种测量误差系数。动力调谐陀螺仪的漂移误差主要包含常值漂移误差、轴向漂移误差、正交漂移误差、随机漂移误差等，为了测试动力调谐陀螺仪重复性，需按固定位置进行一次启动漂移误差、固定位置逐次测试。

另外，应在角振动台上进行动力调谐陀螺仪幅频、相频等动态特性测试，根据测量范围，在速率转台上进行量程、标度因数非线性以及阈值分辨率等技术指标测试。一般动力调谐陀螺仪主要技术指标如表 3-1 所示。

表 3-1　动力调谐陀螺仪主要技术指标

序号	技术指标	标准数值
1	测量范围/(°/s)	−250～250
2	常值漂移误差/(°/h)	≤18
3	轴向漂移误差系数°/(h·g^{-1})	≤0.04
4	正交漂移误差系数°/(h·g^{-1})	≤12
5	随机漂移误差/(°/h)	≤0.1
6	固定位置一次启动漂移/(°/h)	≤0.05
7	固定位置逐次启动重复性/(°/h)	≤0.3
8	阈值/(°/h)	≤0.01
9	分辨率/(°/h)	≤0.01
10	标度因数非线性/%	≤0.1

动力调谐陀螺仪装配完成后，需对其进行角速度标定测试，按其通用技术指标，主要进行角速度标定、标度因数测试，使用单轴或双轴速率转台，按地球自转角速度，在地理坐标系中，将动力调谐陀螺仪输入轴与地球自转轴保持一致，输入不同的角速度，测试动力调谐陀螺仪的输出值，在量程范围内，对动力调谐陀螺仪零位、标度因数进行测试标定。

动力调谐陀螺仪是双轴正交陀螺仪，在标定测试过程中，一般采用八位置试验，即以地球自转角速度为基准，动力调谐陀螺仪自转轴分别与地球自转轴平行或垂直，动力调谐陀螺仪两输出轴 x、y 轴分别指向地理坐标系的东、西、南、北向，测试动力调谐陀螺仪输出。八位置坐标指向如表 3-2 所示。

表 3-2　八位置坐标指向

序　号	坐标指向		
	x	y	z
1	北	西	天
2	西	南	天

续 表

序 号	坐 标 指 向		
	x	y	z
3	南	东	天
4	东	北	天
5	东	地	北
6	天	东	北
7	西	天	北
8	地	西	北

在动力调谐陀螺仪静态试验时,静态误差模型为

$$D(x)=D_F(x)+D_x(x)A_x+D_y(x)A_y+D_z(x)A_z+\sigma_x \tag{3-4}$$

$$D(y)=D_F(y)+D_y(y)A_y+D_x(y)A_x+D_z(y)A_z+\sigma_y \tag{3-5}$$

式中,A_x、A_y、A_z分别为x、y、z轴的加速度,单位为g;$D(x)$、$D(y)$分别为动力调谐陀螺仪x、y轴的总漂移率;$D_F(x)$、$D_F(y)$分别为动力调谐陀螺仪x、y轴与g无关的漂移率,单位为°/h;$D_x(x)$、$D_y(y)$分别为动力调谐陀螺仪x、y轴由轴向质量不平衡引起的漂移系数,单位为°/h/g;$D_y(x)$、$D_x(y)$分别为动力调谐陀螺仪x、y轴由正交不平衡引起的漂移系数,单位为°/h/g;$D_z(x)$、$D_x(y)$分别为动力调谐陀螺仪x、y轴由径向质量不平衡引起的漂移系数,单位为°/h/g;σ_x、σ_y分别为陀动力调谐螺仪x、y轴的随机漂移率,单位为°/h。

动力调谐陀螺仪的漂移误差可通过力反馈试验得到。当动力调谐陀螺仪的壳体坐标系与力矩器坐标系重合时,存在关系式为

$$K_xU_x=\frac{M_x}{H}=D(y)+\omega_y$$

$$K_yU_y=\frac{M_y}{H}=D(x)+\omega_x \tag{3-6}$$

式中,K_x、K_y分别为力矩器x、y轴的标度因数,单位为°/h/mV;U_x、U_y分别为力矩器x、y轴的力矩器输出,单位为mV;M_x、M_y分别为力矩器沿x、y轴的力矩;H为动力调谐陀螺仪的动量矩;ω_x、ω_y分别为地球自转在x、y轴

产生的角速度，单位为°/h。

在工程实际中，动力调谐陀螺仪的壳体坐标系与力矩器坐标系是不重合的，即存在安装误差角 θ 和力矩器的两轴不正交的正交误差角 γ。动力调谐陀螺仪坐标系与力矩器关系如图 3-8 所示，图中 Oxy 为动力调谐陀螺仪壳体坐标系，$Ox'y'$ 为力矩器坐标系。

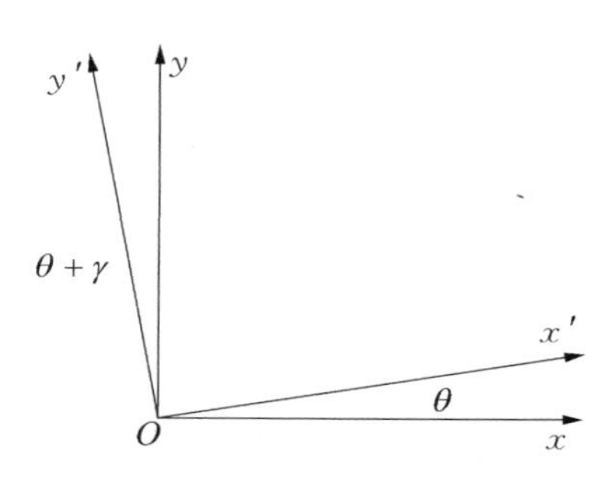

图 3-8　动力调谐陀螺仪坐标系与力矩器关系

由于存在安装误差角 θ 和力矩器的两轴不正交的正交误差角 γ，使动力调谐陀螺仪产生交叉耦合力矩。

$$\begin{bmatrix} U_x \\ U_y \end{bmatrix} = \begin{bmatrix} U_1 & U_2 \\ W_1 & W_2 \end{bmatrix} \left\{ \begin{bmatrix} D(y) \\ D(x) \end{bmatrix} + \begin{bmatrix} \omega_y \\ \omega_x \end{bmatrix} \right\} \tag{3-7}$$

式中

$$U_1 = \frac{\cos(\theta+\gamma)}{K_x \cos\gamma}$$

$$U_2 = \frac{\sin(\theta+\gamma)}{K_x \cos\gamma}$$

$$W_1 = \frac{\sin\theta}{K_y \cos\gamma}$$

$$W_2 = \frac{\cos\theta}{K_y \cos\gamma}$$

一般 θ、γ 很小，进而有近似

$$U_1 = \frac{1}{K_x}$$

$$U_2 = \frac{\theta+\gamma}{K_x}$$

$$W_1 = \frac{\theta}{K_y}$$

$$W_2 = \frac{1}{K_y}$$

$$\begin{bmatrix} U_x \\ U_y \end{bmatrix} = \begin{bmatrix} U_0 \\ U_0 \end{bmatrix} + \begin{bmatrix} U_1 & U_2 \\ W_1 & W_2 \end{bmatrix} \begin{bmatrix} \omega_y \\ \omega_x \end{bmatrix} + \begin{bmatrix} U_3 & U_4 \\ W_3 & W_4 \end{bmatrix} \begin{bmatrix} A_x \\ A_y \end{bmatrix} + \begin{bmatrix} U_7 \\ W_7 \end{bmatrix} A_z \tag{3-8}$$

式中

$$\begin{bmatrix} U_0 \\ W_0 \end{bmatrix} = \begin{bmatrix} U_1 & U_2 \\ W_1 & W_2 \end{bmatrix} \begin{bmatrix} D(x)_F \\ D(y)_F \end{bmatrix}$$

$$\begin{bmatrix} U_3 & U_4 \\ W_3 & W_4 \end{bmatrix} = \begin{bmatrix} U_1 & U_2 \\ W_1 & W_2 \end{bmatrix} \begin{bmatrix} D(x)_x & D(x)_y \\ D(y)_x & D(y)_y \end{bmatrix} \tag{3-9}$$

$$\begin{bmatrix} U_7 \\ W_7 \end{bmatrix} = \begin{bmatrix} U_1 & U_2 \\ W_1 & W_2 \end{bmatrix} \begin{bmatrix} D(x)_z \\ D(y)_z \end{bmatrix} \tag{3-10}$$

存在线性关系，可写出矩阵

$$\boldsymbol{U} = \boldsymbol{A} \times \boldsymbol{X}$$

式中，$\boldsymbol{U}$ 为 8×2 观测矩阵，即每个位置 x、y 轴力矩器的输出电压；$\boldsymbol{X}$ 为 6×2 待定系数矩阵；$\boldsymbol{A}$ 为 8×6 结构阵。

进行转置可得形式为

$$\boldsymbol{U}^{\mathrm{T}} = \bar{\boldsymbol{X}}^{\mathrm{T}} \boldsymbol{A}^{\mathrm{T}} \tag{3-11}$$

$$\boldsymbol{U}^{\mathrm{T}} = \begin{bmatrix} U_{x1} & U_{x2} & U_{x3} & U_{x4} & U_{x5} & U_{x6} & U_{x7} & U_{x8} \\ U_{y1} & U_{y2} & U_{y3} & U_{y4} & U_{y5} & U_{y6} & U_{y7} & U_{y8} \end{bmatrix} \tag{3-12}$$

$$\bar{\boldsymbol{X}}^{\mathrm{T}} = \begin{bmatrix} U_0 & U_1 & U_2 & U_3 & U_4 & U_7 \\ W_0 & W_1 & W_2 & W_3 & W_4 & W_7 \end{bmatrix} \tag{3-13}$$

$$\boldsymbol{A} = \begin{bmatrix} 1 & 0 & \omega_z \cos\phi & 0 & 0 & -1 \\ 1 & -\omega_z \cos\phi & 0 & 0 & 0 & -1 \\ 1 & 0 & -\omega_z \cos\phi & 0 & 0 & -1 \\ 1 & \omega_z \cos\phi & 0 & 0 & 0 & -1 \\ 1 & \omega_z \sin\phi & 0 & 0 & 1 & 0 \\ 1 & 0 & \omega_z \sin\phi & -1 & 0 & 0 \\ 1 & \omega_z \sin\phi & 0 & 0 & -1 & 0 \\ 1 & 0 & -\omega_z \sin\phi & 0 & 0 & 0 \end{bmatrix} \tag{3-14}$$

式中，W_z 为地球自转角速度，单位为°/h；ϕ 为测试地的当地纬度。

按最小二乘法进行计算，八位置试验的随机漂移误差为八位置试验测试值与拟合结果差值的标准方差。拟合值为

$$\boldsymbol{F}=\boldsymbol{X}^{\mathrm{T}}\boldsymbol{A}^{\mathrm{T}}$$

式中，$\boldsymbol{F}$ 为 2×8 八位置试验的拟合矩阵，其漂移误差为

$$E_0(i)=\sqrt{\frac{\sum_{j=1}^{s}[\boldsymbol{F}(i,j)-\boldsymbol{U}^{\mathrm{T}}(i,j)]}{2}} \tag{3-15}$$

式中，i、j 为 1，2，3，…。

动力调谐陀螺仪八位置试验数据处理计算过程如图 3-9 所示。

用八位置试验的测试结果对式(3-12)赋值，根据当地维度对式(3-14)赋值，然后依次求解 $\boldsymbol{B}=[\boldsymbol{A}^{\mathrm{T}}\cdot\boldsymbol{A}]^{-1}$，$\boldsymbol{C}=\boldsymbol{U}^{\mathrm{T}}\cdot\boldsymbol{A}$，$\boldsymbol{D}=\boldsymbol{C}\cdot\boldsymbol{B}$，$\boldsymbol{F}=\boldsymbol{D}\cdot\boldsymbol{A}^{\mathrm{T}}$ 及 $E_0(2)$。

利用求得的 $\boldsymbol{D}$ 阵，可计算 K_x、K_y、θ、γ 等参数，动力调谐陀螺仪的漂移误差 $D(x)_F$、$D(y)_F$、$D(x)_x$、$D(y)_y$、$D(x)_y$、$D(y)_y$、$D(x)_z$、$D(y)_z$，$E_0(2)$ 即为动力调谐陀螺仪 x、y 轴的随机漂移误差。

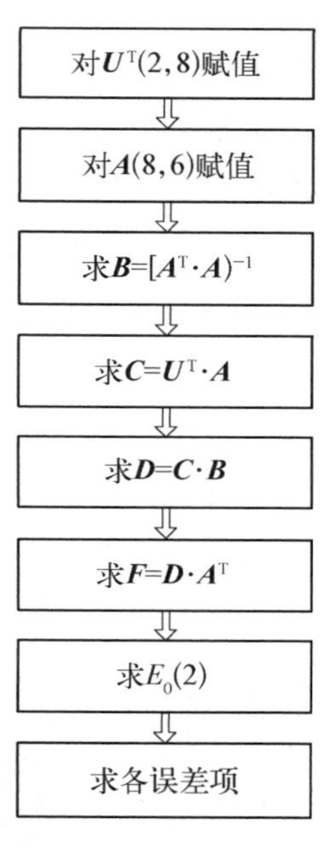

图 3-9　八位置试验数据处理计算过程

3.4　光纤陀螺仪

3.4.1　组成与工作原理

萨尼亚克效应是光纤陀螺仪的理论基础，当载体绕垂直于光纤环平面的轴旋转时，根据萨尼亚克效应，光纤环中沿顺时针和逆时针方向传播的两束光会产生与旋转角速度 Ω 成正比的萨尼亚克相移，即相位差 Φ_δ。相位差 Φ_δ 与旋转角速度 Ω 的关系如下：

$$\Phi_\delta=\frac{2\times\pi\times L\times D}{(\lambda\times c)\times\Omega} \tag{3-16}$$

式中，L 为光纤长度；D 为光纤环平均直径；λ 为真空中的光波长；c 为真空中

的光速。

相位差 Φ_δ 通过光电探测器检测两束光的干涉光强来测量，该检测信号经放大、滤波、A/D 转换、解调等处理后，得到与旋转角速度 Ω 成正比的信号，经过 D/A 转换后施加在 Y 波导的调制电极上，使两束反向传播光波之间产生一个幅值相等、符号相反的反馈相移 Φ_{FB}，使干涉光波之间的总相位差始终是常值。此时，反馈相移 Φ_{FB} 即可作为陀螺仪组合的输出，实现对旋转角速度的测量。当给光纤陀螺仪供电时，光源驱动及温控模块向超辐射发光二极管(super luminescent diode, SLD)光源提供稳定的驱动电流和温控电流，使 SLD 光源发出稳定的光源信号，光纤陀螺仪的光纤环所处的载体角速度变化会引起干涉光相位变化，最终引起干涉光强变化。光路部分将携带了与角速度成正比的萨尼亚克干涉光信号传导至光电探测器，光电探测器采集光强信息并转换为电信号，信息处理电路对其进行信号调理，经过前级放大、A/D 模数转换后输出。在光纤陀螺仪输出方波的两个相邻半周期上进行采样，前半个周期的数字量减去后半个周期的数字量，得出输出数字解调信号；解调信号经过积分产生闭环回路的反馈信号，同时将该数字量存储在寄存器中，经信息处理系统补偿计算后，转换为角度增量脉冲信号，作为光纤陀螺仪的输出。数字阶梯波与方波偏置调制信号数字叠加，经过 D/A 转换，转换后的模拟电压施加到 Y 波导，从而实现光纤陀螺仪闭环控制。单轴光纤陀螺仪如图 3－10 所示，光纤陀螺仪原理如图 3－11 所示，光纤陀螺仪组成如图 3－12 所示。

图 3－10　单轴光纤陀螺仪

在实际工程应用中，采用 SLD 光源驱动三路角速度光纤敏感光路(光纤环组件)，由 1 个 SLD 光源、1 个 1×3 耦合器、1 块恒流源驱动和温控电路、3 块信息处理电路(含 FPGA 软件)、3 个光纤环组件和 3 个 PIN－FET 探测器组件等构成。光纤环组件包含三路光纤环、多功能集成光学器件(Y 波导)、2×2 耦合器等，减少了光源、恒流源驱动及温控系统，通过三轴集成，降低了系

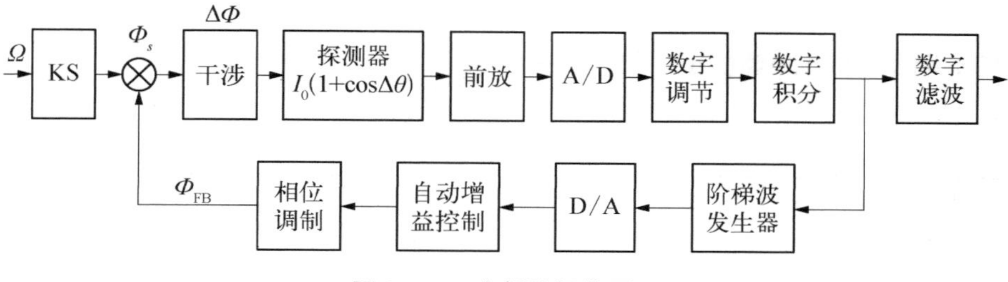

图 3-11　光纤陀螺仪原理

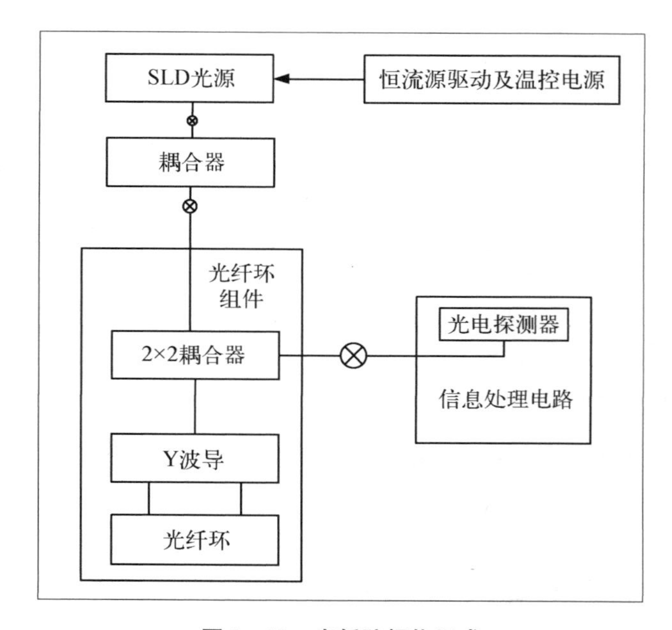

图 3-12　光纤陀螺仪组成

统使用成本，同时减小了体积。

光纤陀螺仪温度补偿模型如下：

$$N = N_0 - (aT^3 + bT^2 + cT + d)\ N_0 \tag{3-17}$$

式中，a、b、c、d 为温度各阶系数；N 为温度补偿后输出值；N_0 为补偿前原始输出值；T 为温度。

3.4.2　性能参数

由于光纤陀螺仪测量原理与动力调谐陀螺仪不同，光纤环是测量元件，一个光纤环只能测试一个轴的输出，因此光纤陀螺仪的主要技术指标仅为单轴测试指标。光纤陀螺仪主要技术指标如表 3-3 所示。

表 3-3　光纤陀螺仪主要技术指标

序　号	技 术 指 标	标 准 数 值
1	测量范围	−500°/h～+500°/s
2	零偏/(°/h)	≤5
3	零偏稳定性/(°/h)	≤0.1
4	阈值/(°/h)	≤0.3
5	分辨率/(°/h)	≤0.3
6	标度因数非线性/ppm	≤100
7	标度因数重复性/ppm	≤100
8	启动时间/s	<4
9	数据更新间隔	按需
10	温度范围/℃	−40～+60

光纤陀螺仪的误差主要体现在零偏、零偏稳定性、标度因数非线性度及标度因数重复性、随机游走系数等指标上。

1. 零偏

光纤陀螺仪零偏为陀螺仪在静止状态下所表征的陀螺仪初始状态，包含安装误差和制造误差信息。

光纤陀螺仪零偏测试时，将光纤陀螺仪通过安装夹具固定在水平基准上，光纤陀螺仪输出量的采样间隔时间设定为 1 s，测试时间设定为 2 h。对光纤陀螺仪通电，记录光纤陀螺仪的输出。通过下式计算零偏：

$$B_0 = \frac{1}{K}\bar{F} \tag{3-18}$$

式中，K 为陀螺仪标度因数；$\bar{F}$ 为在采样时间内陀螺仪的输出平均值。

2. 零偏稳定性

光纤陀螺仪零偏稳定性为光纤陀螺仪在静止状态下输出数据的离散程度，表征陀螺仪在零位的稳定程度。测试方法与光纤陀螺仪零偏测试方法一样，计算光纤陀螺仪输出数据的标准偏差或阿伦方差。

按标准偏差计算出零偏稳定性

$$B_s = \frac{1}{K}\left[\frac{1}{n-1}\sum_{j=1}^{n}(F_j - \bar{F})^2\right]^{\frac{1}{2}} \tag{3-19}$$

式中，K 为标度因数；n 为采样次数；F_j 为第 j 个输入角速度 Ω_{ij} 时光纤陀螺仪的输出值；$\bar{F}$ 为在采样时间内光纤陀螺仪输出的均值。

按阿伦方差计算零偏稳定性的方法如下。

设光纤陀螺仪采样周期为 T，Q_1，Q_2，…，Q_N 为 N 个光纤陀螺仪输出序列，对 N 个光纤陀螺仪输出序列以 mT_0 为周期进行平滑，平滑后的 $N-m+1$ 个数据序列(簇)如下：

$$\bar{\sigma}_k^2 = \frac{1}{2mT_0}\sum_{i=1}^{k+m-1}\Omega \tag{3-20}$$

式中，$k=1, 2, \cdots, N-m+1$；$\bar{\Omega}_k$、$\bar{\Omega}_{k+m}$ 称为相互独立的簇，上述序列中独立簇的个数为 $N-m+1$。

以 mT 为周期对 $N-m+1$ 个数据簇求方差，得到 $N-2m+1$ 个数据的方差序列

$$\bar{\sigma}_k^2 = \frac{1}{2}(\bar{\Omega}_{k+m} - \bar{\Omega}_k)^2 \tag{3-21}$$

对方差序列求总体平均，得到与 m 相关的阿伦方差值为

$$\sigma^2(mT_0) = \frac{1}{N-2m+1}\sum_{k=1}^{N-2m+1}\sigma_k^2 \tag{3-22}$$

式中，$1 \leqslant m \leqslant N/2$。

3. 标度因数非线性度

光纤陀螺仪标度因数非线性度为在运动状态下，光纤陀螺仪输出值与转动角速度比值的稳定性。在工程应用中，标度因数非线性度直接影响光纤陀螺仪的标定精度。

标度因数非线性度测试及计算时，选取不同角速度 Ω_j，对应光纤陀螺仪输出平均值为 F_j，通过最小二乘法进行归一化处理，得到标度因数值 K，即

$$K=\frac{\sum_{j=1}^{M}\Omega_j F_j-\frac{1}{M}\Omega_j\sum_{j=1}^{M}F_j}{\sum_{j=1}^{M}\Omega_j^2-\frac{1}{M}\left(\sum_{j=1}^{M}\Omega_j\right)^2} \tag{3-23}$$

用直线拟合方法，表示光纤陀螺仪输入-输出关系

$$\hat{F}=K\Omega_j+F_0 \tag{3-24}$$

光纤陀螺仪输出特性的逐点非线性偏差计算如下：

$$a_j=\frac{\hat{F}_j}{|F_m|}-\frac{F_j}{|F_m|} \tag{3-25}$$

标度因数非线性度为

$$K_n=\max|a_j| \tag{3-26}$$

4. 标度因数重复性

光纤陀螺仪标度因数重复性为光纤陀螺仪标度因数在多次重复使用中的一致性。通常按照标度因数测试方法，对光纤陀螺仪标度因数进行多次测量，通过下式计算光纤陀螺仪标度因数重复性：

$$K_r=\frac{1}{K}\left[\frac{1}{Q-1}\sum_{i=1}^{Q}(K_i-\bar{K})^2\right]^{\frac{1}{2}} \tag{3-27}$$

5. 随机游走系数

由于光纤陀螺仪的工作原理及结构组成等方面的原因，其输出噪声相对较大，基本可认为是白噪声，其积分后就成为角度的随机过程(角随机游走过程)，光纤陀螺仪随机游走系数主要衡量了陀螺仪输出的噪声。由于白噪声过程的特点是均值为零，标准差不随时间而变化，因此，白噪声过程是平稳随机过程。按光纤陀螺仪零偏测试方法，根据光纤陀螺仪检测电路的输出形式及其带宽特性，设定较短的采样间隔时间和测试时间，获得一组光纤陀螺仪输出量的初始样本序列，采用归一化方法和阿伦方差方法计算陀螺仪随机游走系数。

归一化方法计算如下：

在初始样本序列基础上，依次成倍加长采样间隔时间

$$\tau=kt \tag{3-28}$$

式中，$k=1, 2, 3, \cdots$。

由每相邻两个样本的均值组成新的样本序列，按标准差求出光纤陀螺仪的零偏稳定性。设置不同的采样间隔时间，再次计算获得光纤陀螺仪的零偏稳定性，重新组成新的样本序列 $B_s(\tau)$。当 $t_0=1$ s时，光纤陀螺仪零偏稳定性 $B_s(1)$，又称噪声等效速度 NER(τ)，光纤陀螺仪随机游走系数如下：

$$\mathrm{RWC}=\mathrm{NER}(\tau)\cdot\tau^{\frac{1}{2}} \tag{3-29}$$

阿伦方差法计算步骤如下：

根据光纤陀螺仪零偏稳定性阿伦方差计算方法，在对数坐标系下，以 t 为横坐标，以 σ 为纵坐标，绘制阿伦方差图，拟合曲线。确定 m 的取值范围，在 m 的取值范围内，用最小二乘法求解 σ_0 和 t_0。取 $t_0=1$，计算 σ_0，即为随机游走系数。

3.5 激光陀螺仪

3.5.1 组成与工作原理

激光陀螺仪采用激光作为光源，也是一种光学陀螺仪。相比萨尼亚克干涉型光纤陀螺仪，激光优良的相干性使正反方向运行的两束光在陀螺仪腔体内形成谐振，即光束沿腔体环路反复运行时一直能保持相干。另外，将测量光程差(即相位差)改为测量两束光的频率差，即拍频，从而显著提高了陀螺测量的灵敏度。

激光陀螺仪的谐振腔为环形，设半径为 r，谐振腔沿顺时针匀速转动的速度为 Ω，所有转动的线速度如下：

$$V=r\times\Omega \tag{3-30}$$

假设 $V<V_0$，$V_0=c/n$，是环形腔中激光束的群速度，c 为真空中的光速，n 是谐振腔的归一化折射率。当谐振腔不转动时，其中相向而行的两束光具有相同的频率 f。从惯性空间观察顺时针匀速转动的谐振腔，顺时针和逆时针光束经过 n 圈传输后，回到出发点的时间差如下：

$$\Delta t=\frac{2m\pi r^2\Omega}{V_0^2} \tag{3-31}$$

环形腔长 $L=2m\pi r$ 的变化量 ΔL 如下：

$$\Delta L=\pm V_0\Delta t=\pm\frac{2m\pi r^2\Omega}{V_0} \tag{3-32}$$

每束光由于转动而产生的频率差 Δf 如下：

$$\Delta f_{\mathrm{n}}=\pm\frac{n_{\mathrm{r}}r}{\lambda_0}\Omega \tag{3-33}$$

式中，$\lambda_0=c/f_0$，为激光陀螺仪环形腔静止时，激光在真空中的波长。

由 Δf_{nB}表示正反两束光干涉产生的拍频频率，有

$$\Delta f_{\mathrm{nB}}=2\mid\Delta f_{\mathrm{n}}\mid=\frac{2n_{\mathrm{r}}r}{\lambda_0}\Omega \tag{3-34}$$

光学中常用的 ΔV 代替频率差 Δf，当 $n_{\mathrm{r}}=1$，有

$$\Delta V=\frac{4A}{\lambda_0 L}\Omega \tag{3-35}$$

式中，$A=\pi r^2$，为闭合光路包围的面积；$L=2\pi r$，为环形光路的长度。

激光陀螺仪输出频率差 ΔV 与输入角速度 Ω 的关系如式(3-35)所示，该式是由环形光路推导出来的，与转动中心无关，适合任何形状的光路。

3.5.2 性能参数

激光陀螺仪相较于光纤陀螺仪结构简单，而且能够达到很高的精度，但是受到闭锁效应和零偏等因素的影响，激光陀螺仪的制造非常复杂。零偏是激光陀螺精度中最直接、最难控制的问题。引起零偏变化的因素有温度和磁场两种，为了消除激光陀螺仪的输出中零偏不稳定性带来的影响，需要研究激光陀螺仪零偏在温度和磁场作用下的变化规律。

当输入角速度比较小，但不为零时，激光陀螺仪中相向运动的两束光的频率差 ΔV 变为 0，此时有输入，但激光陀螺仪没有输出，这种效应称为激光陀螺仪频率(模式)锁定效应或者闭锁效应。为了克服闭锁，需要人为地使两束光的频率产生分裂，在原有的频率上增加一个偏置，这种技术为激光陀螺仪抑制锁频技术，又称偏置技术。

激光陀螺主要技术指标如下。

1. 漂移

激光陀螺仪的漂移由谐振光路折射系数具有各向异性，氦、氖等离子在激光管中的流动、介质扩散的各向异性等因素产生，主要表现为零点偏置的不稳定度。

2. 噪声

激光陀螺仪的噪声主要来自两个方面：一方面是激光陀螺仪噪声的量子极限和激光介质的自发发射；另一方面是多数激光陀螺仪采用机械抖动的偏频技术，在机械抖动运动变换方向时，机械抖动角速度较低，短时间内低于闭锁阈值，容易将造成输入信号的漏失，从而导致输出信号相位角的随机变化。

3. 闭锁阈值

激光陀螺仪闭锁阈值影响着激光陀螺仪标度因数的线性度和稳定度。闭锁阈值主要取决于谐振光路中的损耗，其中最主要是反射镜的损耗。

3.6　MEMS 硅微陀螺仪

3.6.1　组成与工作原理

振动质量块在被物体带动旋转时会因哥氏效应产生哥氏力。MEMS 硅微陀螺仪的基本理论是利用哥氏效应测量物体旋转的角速度，在陀螺仪的驱动部分施加驱动电压，陀螺仪沿驱动轴往复振动，当有角速度输入时，由于哥氏加速度原理，在敏感方向产生哥氏力，在哥氏力作用下，陀螺仪会沿着敏感轴往复振动，从而通过检测敏感电容的变化可以检测输入角速度。哥氏加速度经典力学模型如图 3－13 所示。

在产生哥氏加速度的经典力学模型中，x、y 轴的弹簧系数为 K_x、K_y，检测质量块 m。假设驱动方向为 x 方向，检测方向为 y 方向，则

$$x = A_z \cos(\omega_z t) \tag{3-36}$$

式中，A_z 为振幅；ω_z 为驱动角频率。

当在 x 轴方向有角速度 Ω 输入，在 y 检测轴上产生的哥氏加速度为

$$a_y = 2\Omega \times V_x = 2\Omega A_z \omega_z \sin(\omega_z t) \tag{3-37}$$

式中，V_x 为质量块沿 x 轴的角运动速度。

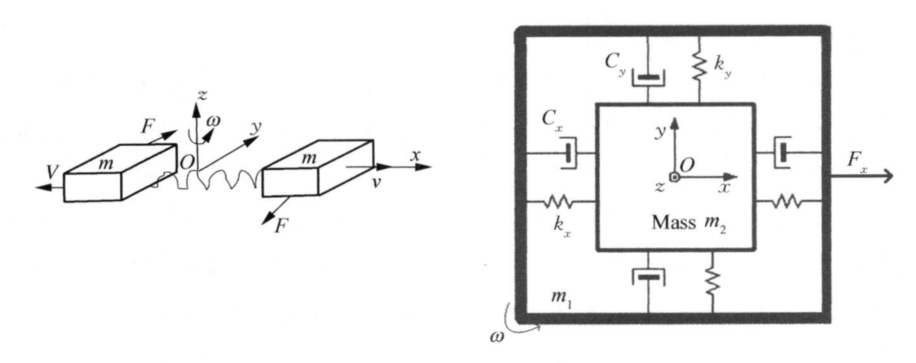

图 3－13　哥氏加速度经典力学模型及一组 4 个静电梳齿驱动结构

MEMS 硅微陀螺仪传感器芯片工艺流程通常先在硅片上采用淀积、离子注入、氧化或电铸等手段形成具有抗腐蚀能力的掩蔽膜。通过光刻工艺对该膜实施刻蚀，从而得到所需的几何形体，再进行硅本体腐蚀，获得所希望的微结构。对于较复杂的机械，有时利用键合技术（硅-硅键合、静电键合）将基板粘接起来。主要加工手段包含 Si 材料的制备、光刻、氧化、刻蚀、扩散、注入、金属化、等离子体增强化学气相沉积（plasma enhanced chemical vapor deposition，PECVD）、低压化学气相沉积（low pressure chemical vapor deposition，LPCVD）及封装等。传感器芯片工艺流程如图 3－14 所示。

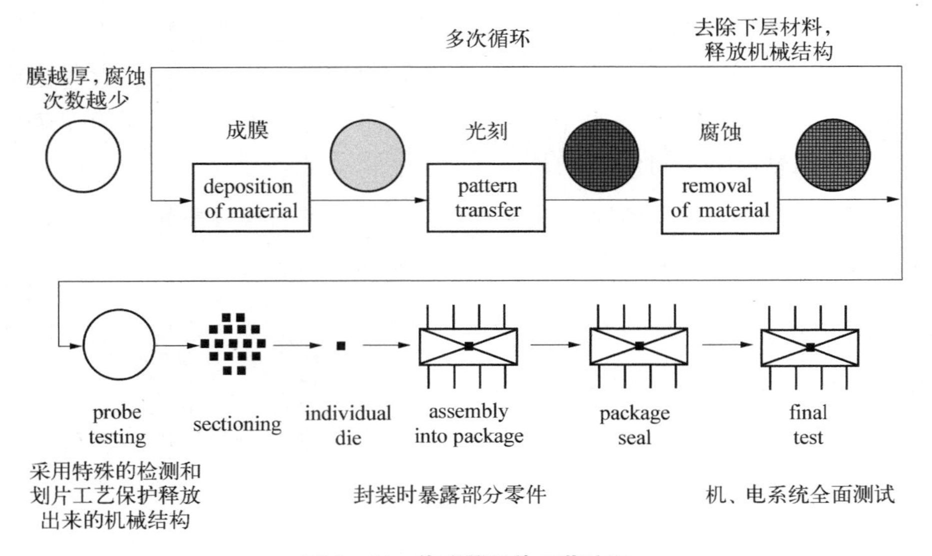

图 3－14　传感器芯片工艺流程

由于 MEMS 相对传统机械转子、液浮仪表、挠性梁支承的不同特点，需要分析微结构和新加工工艺等核心问题对惯性量测量的影响。当传感器结构尺寸缩小到一定程度时，还需要考虑传感器微结构与尺寸成高次方比例的惯性力、电磁力的关系。同时还要分析黏着力、弹性力、表面张力、静电力等受传感器微结构影响的因素。另外，由于微结构使构件材料的固有缺陷、弹性模量、屈服极限等机械性能不同，仍需分析表面力对系统性能的影响。构件相对运动时，需要考虑表面摩擦力和润滑膜黏滞力的表现。在 MEMS 硅微陀螺仪微结构中，所有的分子级几何变形、结构内应力与应变之间的关系以及 MEMS 器件中摩擦表面的摩擦力都对其惯性量测量性能有影响。在 MEMS 硅微陀螺仪的结构、电路和系统等方面，应在器件模拟、系统校核、优化、掩膜板设计、过程规划等方面进行设计，采用微电子和微机械加工技术进行加工。对 MEMS 硅微陀螺仪微结构评价时应建立机械、热和电气的混合模型，对其物理、化学效应进行综合分析和描述。MEMS 的结构体加工技术主要包含湿法和干法腐蚀的硅微加工技术。硅微加工技术包含结构层和牺牲层的制备和腐蚀的表面微机械加工技术、热键合和静电键合的键合技术、能束加工技术，以及特种超精密的光成型技术微机械加工技术等。对于较复杂的结构，需要利用硅-硅键合、静电键合的键合技术将基板粘接起来。从材料电气性能、机械性能、微结构和微系统参数，以及性能测试等各个方面，建立微结构材料的数据库和系统的数学模型、力学模型，使用 MEMS 硅微陀螺仪的封装技术，对多种能量和物质进行传输和处理。同时，分析 MEMS 微结构惯性传感器的机械、热、电、静电及电磁场间的物理耦合，对信号处理与控制电路进行系统级建模及仿真。对机械量和电量的电路分析、场分析，系统间的相互作用和耦合效应，以及常用的等效电路模型和结点化模型进行研究。对 MEMS 微结构采用偏微分方程的解析分析和有限元法的数值仿真分析方法，进行包括静态、模态、瞬态、鞘响应等分析，以及结构、热、流体、电磁等多物理场分析，准确地模拟微小尺寸的静电、结构、流体等多物理场之间的耦合分析，分析微惯性传感器在多种物理机制下的综合作用结果，以及静电场对微结构固有频率漂移的影响，消除或减小硅微机械陀螺仪正交误差和杂散电容。

在微电子集成工艺的基础上，采用 LIGA(lithographie, galvanoformung, abformung)、激光加工对 MEMS 微结构实现在数微米宽、数百微米深的台阶上的反应离子刻蚀的高深宽比三维微细加工。硅的表面微加工技术与硅的体微加工不同，采用对硅基片上不同的薄膜沉淀和蚀刻方法，分离结构和衬底，制作各种可变形或可运动的微结构，而体微加工技术是在硅片上有选择地去除一部分硅材料，形成微机械结构，在体微加工技术中，关键是对微结构的刻蚀技术。应按结构材料、工艺环境等工艺设计合理的工艺流程。

MEMS 传感器结构部分含表头和伺服电路，通过结构优化设计，满足系统所要求的结构静强度、动强度、刚度、振动、冲击性等要求，减小体积和重量，为传感器总体的安装和布局带来方便。

微机械陀螺仪主要有石英振动梁微机械陀螺仪、面振动式硅微机电陀螺仪和硅谐振环式微机械陀螺仪等。微机械陀螺仪的敏感结构是在空间内形成正交的双自由度结构或音叉结构。电路或其他特殊工艺推动形成驱动模态交变振动，从而使驱动器集成在敏感结构上。驱动轴或振梁在正弦驱动力作用下产生正弦交变振动，相对于惯性空间，正弦交变振动让哥氏加速度敏感基座的敏感轴正交于振动轴。一般由静电驱动器或电磁驱动器等产生驱动力，在驱动器上加载交变的电压信号。微机械陀螺仪驱动轴的运动可以近似看作一个二阶系统，从二阶系统的幅频特性可知，在系统的固有频率处，灵敏度最高。微机械陀螺仪驱动模态输出的信号通常是被载波调制的高频信号，通过解调，可得到反映陀螺仪实际振动的谐波信号，经过低通滤波后，通过比例积分控制器(proportional integral control, PI)得到加载到陀螺上的驱动电压。为了保证驱动模态的振幅和相位恒定，微机械陀螺仪的驱动模态大都采用闭环控制，通过检测模态输出的敏感信号，经解调和滤波处理后，输出角速度。

3.6.2 性能参数

随着对微机械陀螺仪性能要求的提高，陀螺仪结构日益复杂，对自标定、自校准技术的需求更加迫切。在复杂性、灵活性、误差特性补偿等方面，模拟电路都很难满足需求，而数字读出电路可以很好地适应这些需求，通过数字处理技术，可以有效地减小温度对结构刚度和微机械陀螺仪输出的影响，补偿因谐振频率漂移造成的相位漂移，以及对陀螺仪的输出信号进行一定的温度补偿，满足系统环境使用要求。另外，微机械陀螺仪敏感结构尺寸为微米到毫米数量级，对通过性能检测的微机械陀螺仪，在维修检查过程中，通常仅需修改

FPGA 程序，效率高、成本低。

微机械陀螺仪和光纤陀螺仪等新型陀螺仪在技术参数上均包含零偏和零偏稳定性、重复性，标度因子、分辨率、随机游走系数和带宽等[10]。测试时，将微机械陀螺仪固定在稳定平台、速率转台或摇摆台上，通过专用测试系统进行测试。

1. 零偏和零偏稳定性、重复性

当输入角速度为零时，在规定时间内测微机械陀螺仪的输出量的平均值，等效得出相应的输入角速度，此输出值即为零偏。零偏稳定性用于衡量微机械陀螺仪输出量的离散程度，当输入角速度为零时，以规定时间内输出量的标准偏差等效相应的输入角速度表示，也称零漂，单位为°/h 或°/s，主要表征微机械陀螺仪输出中的低频变化量。

微机械陀螺仪的零偏随时间、环境温度的变化较大，在零输入状态下，微机械陀螺仪长时间稳态输出是一个平稳的随机过程，微机械陀螺仪稳态输出在均值起伏、波动。

微机械陀螺仪的零偏重复性是在相同条件下和规定间隔时间内，通过重复测量微机械陀螺仪零偏，对各次测试所得的零偏计算标准偏差，表征了微机械陀螺零偏的一致程度，单位为°/h 或°/s。零偏和零偏稳定性、重复性是微机械陀螺仪的重要指标。

2. 陀螺标度因子

微机械陀螺仪标度因子是指微机械陀螺仪输出量与输入角速度的比值，在整个量程范围内，测得微机械陀螺仪输入/输出数据，采用最小二乘法拟合直线方法，计算出特征直线的斜率。标度因子的残差决定了该拟合数据的可信度，微机械陀螺仪标度因子误差包含标度因子的非线性度、不对称度、重复性以及温度系数等参数。由于环境温度、加工应力释放等会引起陀螺驱动模态、检测模态刚度的变化，对微机械陀螺仪标度因子影响很大，因此，微机械陀螺仪驱动模态振动幅度稳定、驱动频率的恒定是保证微机械陀螺仪标度因子精度的关键。

3. 分辨率

分辨率是微机械陀螺仪在规定的输入角速度下能感知的最小输入的角速度增量。按分辨率相关标准规定，由最小输入角速度增量所产生的输出增量，应不小于按微机械陀螺仪标度因子所期望的输出增量的 50%。降低陀螺的噪声，从而提高陀螺的信噪比和微机械陀螺仪的分辨率。

4. 随机游走系数

随机游走系数微机械陀螺仪由白噪声产生的随时间积累的输出误差系数，用$(°)/\sqrt{\sigma}$表示。

5. 带宽

在微机械陀螺仪动态特性测试中，带宽是测得的幅频特性，即幅值降低 3 dB 所对应的频率范围，单位为 Hz。带宽表示微机械陀螺仪能够精确测量输入角速度的频率范围，这个范围越大，表明微机械陀螺仪的动态响应能力越强。驱动模态、测控电路的低通滤波频率等会影响微机械陀螺仪的带宽。

双轴角速度惯性传感器误差标定测试软件代码详见附录 A。

第 4 章

加速度惯性传感器

本章主要介绍石英挠性加速度计、MEMS 电容加速度计和 MEMS 硅微加速度计的工作原理、性能参数及其测试、试验。

4.1 概述

加速度惯性传感器是测量系统加速度的敏感器件，通常指各种加速度计。加速度计是用以测量线加速度或角加速度的惯性敏感器件，如测量沿输入轴的平移加速度分量减去重力加速度分量的线加速度计，一种情况是输出信号由检测质量相对物体的运动产生；另一种情况是由恢复检测质量到相对壳体零位位置或力矩产生，当导航计算中转换到惯性坐标系，线性加速度计的输出必须补偿向心加速度、角加速度和重力的影响。角加速度计是测量沿输入轴的惯性角速度变化率的惯性敏感器，其输出信号是由质量块（刚体或液体）相对于壳体的角运动产生。

按质量块支承方式，加速度计可分为振弦加速度计、摆式加速度计、液浮摆式加速度计、静压液浮陀螺加速度计、静电加速度计、磁悬浮加速度计、气浮线位移加速度计等。振弦加速度计采用一根或多根振弦线，其固有频率与其作用在一个或多个检测质量上有关。摆式加速度计采用悬挂方式，其能绕垂直于输入轴的另一轴旋转。液浮摆式加速度计通过浮液的具有偏心质量的浮子重量浮力平衡，辅以宝石轴承支承及磁浮支承。静压液浮陀螺加速度计输出轴采用静压液体轴承支承。静电加速度计在超高真空条件下利用静电场力支承检测质量。磁悬浮加速度计利用电磁力支承检测质量。气浮线位移加速度计采用静压气浮轴承支承检测质量。

按照功能，加速度计可以分为积分加速度计，二次积分加速度计，线加速度线的单轴、双轴、三轴加速度计，惯性力矩的陀螺加速度计，摆式积分陀螺加速度计，力矩平衡加速度计，挠性加速度计，振梁加速度计，扭杆式加速度计，弹簧片式加速度计。积分加速度计的输出信号与输入加速度对时间的积分成比例。二次积分加速度计具有二次积分功能，输出信号与输入加速度对时间的二次积分成比例。线加速度线的单轴、双轴、三轴加速度计分别能测量一个轴正反两个方向、测量两个正交轴正反两个方向及三个正交轴正反两个方向。惯性力矩的陀螺加速度计依靠陀螺进动产生的陀螺力矩来平衡加速度作用到摆件上产生惯性力矩。摆式积分陀螺加速度计沿自转轴具有规定摆性，绕输入轴以一定速度被伺服转动，以平衡沿输入轴的加速度产生的力矩，伺服轴转动的角度与所施加加速度的积分成比例。力矩平衡加速度计利用执行机构产生的力矩（或力）与检测质量的惯性力平衡来测量加速度。挠性加速度计采用弹性材料支承来检测质量，其中石英挠性加速度计由整体式石英镀膜摆片集成力矩器线圈，与上、下轭铁组件组成差动电容式传感器、推挽式力矩器、伺服混合集成电路等器件。振梁加速度计具有一个或多个检测质量的线性加速度计，该检测质量受一个或多个力敏感梁式谐振器约束。振梁加速度计产生的谐振频率为输入加速度的函数。扭杆式加速度计用扭杆来支承检测质量，由扭杆的弹性变形来产生恢复力矩。弹簧片式加速度计用弹簧片支承检测质量，由弹簧片的弹性变形来产生恢复力矩。

按照工作原理，加速度计可以分为压电加速度计、压阻式加速度计、光纤加速度计、微机电加速度计、微光机电加速度计、隧道式微硅加速度计、气体热对流加速度计、原子加速度计。压电加速度计以压电材料为主要约束，通常用作振动或冲击敏感元件。压阻式加速度计利用半导体元件的阻值随所承受的压力大小而变化的特性制成。光纤加速度计采用光纤传感技术测量检测质量块的惯性力或位移，输出光强与被测加速度成比例。微机电加速度计采用半导体生产工艺加工微结构并集成相关信号处理电路，测量加速度。微光机电加速度计是基于微机电工艺技术的加速度计，按结构原理可分为微纳米光栅微光机电加速度计、光力加速度计等。隧道式微硅加速度计采用微机电加工技术完成硅结构加工，基于电子隧道效应的高灵敏测量技术测量加速度[17]。

气体热对流加速度计通过检测装有气体的密闭腔体中气体的温度差测量加速度。原子加速度计利用原子干涉相位变化测量加速度。

基于 MEMS 技术的加速度计作为加速度测量的惯性敏感传感器，以其小型化、低成本、抗高过载能力等优势，在无人机飞行器的惯性姿态测量系统中逐步得到广泛应用。

4.2　石英挠性加速度计

视加速度是由外部施加的力(除重力外)引起的载体加速度分量。石英挠性加速度计是一种闭环力反馈摆式加速度计，用于测量载体的视加速度。通过石英质量摆感知加速度，伺服电路输出反馈力平衡电流，检测力反馈电流，从而得到加速度。石英挠性加速度计如图 4－1 所示。

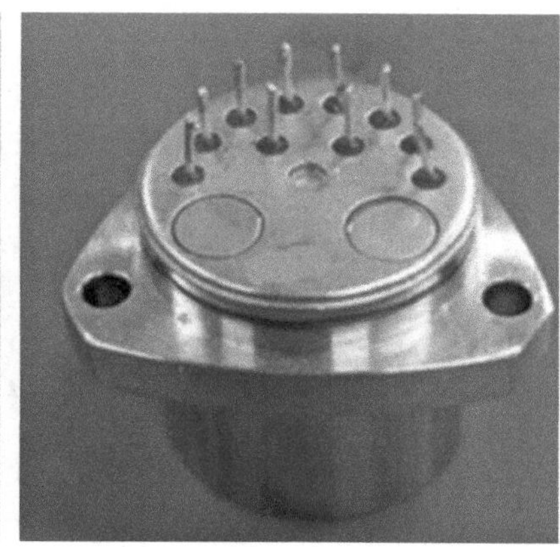

图 4－1　石英挠性加速度计

4.2.1　工作原理

在飞行系统惯性测量中，加速度计主要用于测量惯性空间中系统的视加速度，通过系统算法计算出载体的实时飞行高度与距离。加速度计的性能指标直接影响加速度惯性测量精度，是惯性测量系统的关键力敏感器件。石英挠性加速度计在惯性测量系统领域中应用非常广泛，在工作中通过石英质量摆感知系统在惯性空间所受的惯性力，经伺服电路输出相应的反馈电流，通过

I/F 电路或精密采样电阻进行频率、电压等物理量转换，经系统处理电路采集后，最后输出相应的加速度[18]。

在工程实践中，为了掌握加速度计性能，通过功能离心试验对加速度计量程指标进行评估，必要时需进行精密离心试验，对加速度计量程进行考核。同时，在重力场中检测加速度计动态性能，使加速度计的幅频特性能满足系统要求。

石英挠性加速度计主要由表头和伺服电路组成，通过表头石英质量摆、空气阻尼与系统刚度组成一种“质量-弹簧-阻尼”结构的典型二阶系统。表头结构为封闭系统，由上、下轭铁极板与石英摆片的两极板形成差动式电容传感器，在石英摆片上粘接两力矩器线圈，通过在磁钢与轭铁之间切割磁力线获得平衡力矩，使石英摆片始终在平衡位置工作，即电容传感器输出为零。加速度计工作时，质量摆在表头结构空间运动受到空气阻尼作用，同时受到摆支承刚度和伺服电路电刚度的作用。由牛顿第二定律可得

$$m\frac{\mathrm{d}^2x}{\mathrm{d}t}+b\frac{\mathrm{d}x}{\mathrm{d}t}+kx=ma \tag{4-1}$$

式中，m 为感受力的质量块质量；a 为质量块受到外界振动冲击时产生的加速度；b 为阻尼系数；k 为弹簧系数；x 为质量块受冲击产生的位移。

将式(6-1)左右两边同除以 m 得

$$\frac{\mathrm{d}^2x}{\mathrm{d}t}+\frac{b}{m}\cdot\frac{\mathrm{d}x}{\mathrm{d}t}+\frac{k}{m}x=a \tag{4-2}$$

将式(6-2)进行拉普拉斯变换可得

$$M(s)=\frac{X}{a_{\mathrm{in}}}=\frac{1}{s^2+\frac{b}{m}s+\frac{k}{m}} \tag{4-3}$$

式中，a_{in}为输入加速度。

由式(6-3)可得到石英挠性加速度传感器的谐振频率

$$\omega_0=\sqrt{\frac{k}{m}} \tag{4-4}$$

加速度计二阶系统原理如图 4-2 所示。图中，$a_{\mathrm{i}}(s)$为输入加速度；P 为摆性；K_{C} 为摆挠性支承刚度；D 为二阶系统阻尼系数；S 为二阶系统函数变

量；K 为电刚度，包含伺服电路反馈网络及力矩系数；J 为质量摆动模量；K_t 为加速度计力矩系数；$i(s)$ 为反馈电流输出。

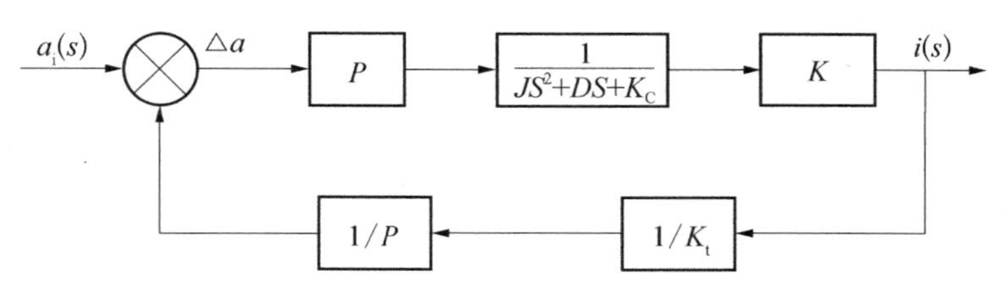

图 4－2　加速度计二阶系统原理

加速度计二阶系统力矩器电流对输入加速度的数学传递函数为

$$i(s)=k_t\times\frac{\omega_n^2}{s^2+2\omega_n s+\omega_n^2}a_i(s) \tag{4-5}$$

式中，ω_n 为二阶系统固有频率。

$$\omega_n=\sqrt{\frac{K_C+K}{J}} \tag{4-6}$$

ξ 为二阶系统阻尼系数。

$$\xi=\frac{D}{2\sqrt{(K_C+K)J}} \tag{4-7}$$

4.2.2　技术参数

石英挠性加速度计技术参数包含量程、偏值、标度因数、非线性、重复性、稳定性等。在初始对准和小加速度测量时，对于挠性摆式加速度计来说，相较于高线性度，偏值稳定性显得更为重要。石英挠性加速度计主要技术参数如表 4－1 所示。

表 4－1　石英挠性加速度计主要技术参数

序 号	技 术 参 数	性 能 要 求
1	静态输入量程/g	50
2	偏值/mg	≤5
3	标度因数/(mA/g)	1.2±0.1

续 表

序号	技术参数		性能要求
4	二阶非线性系数/($\mu g/g^2$)		≤20
5	输入轴失准角/rad		$\leq 1\times 10^{-3}$
6	长期重复性	偏值长期重复性(1σ)/μg	≤100
		标度因数长期重复性(1σ)/ppm	≤100
7	短期重复性	偏值短期重复性(1σ)/μg	≤60
		标度因数短期重复性(1σ)/ppm	≤60
8	短期稳定性	偏值短期稳定性(1σ)/μg	≤80
		标度因数短期稳定性(1σ)/ppm	≤80
9	启动重复性	偏值启动重复性(1σ)/μg	≤60
		标度因数启动重复性(1σ)/ppm	≤60
10	0g4h 稳定性(1σ)/μg		≤100
11	1g4h 稳定性(1σ)/ppm		≤100
12	固有频率/Hz		400～800
15	标度因数非线性/%		≤0.05

加速度计测量精度误差主要包含系统误差与测量误差。影响加速度计精度有多种原因,有自身的系统因素,也有计量标定产生的测试误差。

1. 系统因素

1) 磁场影响

中高精度的加速度计一般都是力反馈闭环式加速度计,当质量块受到力作用后,传感器输出,此时伺服电路输出相应的力反馈电流,通过力矩线圈在磁钢与轭铁形成的磁路中切割磁力线,产生电磁反馈力矩,测量反馈力矩的电流或电压,得到加速度计输出信号。因此,工作气隙的磁场稳定性对速度计输出的稳定性影响很大。在加速度计工作过程中,受环境温度变化及工作发热影响,磁钢的温度系数会对加速度计输出性能产生很大影响。因此,在加速度计设计过程中，应采用如下相应措施。

（1）通过交流磁场稳磁、振动温度循环稳磁、时效稳磁等工艺方法，对磁钢进行稳磁处理。

（2）一般选用 1J130、1J32、1J33 等精密软磁合金作为轭铁等零件的材料，采用热磁设计补偿技术，设计结构补偿机构，降低磁场的影响。

（3）将加速度计摆组件设计的工作在工作气隙的中部 1/3 范围，可获得较好的线性工作区。

2）结构稳定性影响

加速度计零组件在加工和装配过程中会产生内应力，内应力在均化过程中容易引起结构微变和输入轴偏差，从而引起定位基准轴变化、失准角变化和非线性误差增大。伺服电路输出漂移会直接影响加速度计输出，电气零位漂移会引起加速度计输出零偏误差增大。磁钢的自然时效、磁性能衰减也会引起加速度计性能变化，这些因素在设计上很难克服。在实际中，需要针对不同的影响，采取相应的人工时效、自然时效处理及定频振动应力筛选等工艺手段，对加速度计的结构进行稳定处理。通常采用高、低温加速人工时效处理和长时间的自然时效处理。自然时效处理一般是在自然条件下将材料放置数月，使应力均化释放彻底，对材料无损害，需提前放置，周期较长、见效慢。人工时效处理是在加速度计零组件加工过程中，进行高、低温循环试验，加速应力均化释放，时间短、效果明显，但对于加速度计内使用的胶黏剂等非金属材料，人工时效处理会加快其老化，影响其寿命。

2. 测试误差

1）温度误差

由于温度对加速度计内部磁钢的磁场强度、加速度计结构都有影响，加速度计计量标定测试时，实际环境温度与加速度计内部实际温度的测量误差会引起不小的温度误差。为了减小温度误差，可以采用在加速度计内部增加测温元件，同时在测试过程中加长加速度计通电工作时间，减小因温度变化对输出的影响。在使用测试过程中，让加速度计在特殊规定的温度下工作，一般在 55℃恒温环境下进行，以获得较高的加速度计测试精度。

2）振动误差

由于加速度计是力敏感传感器，对振动敏感，精度越高的加速度计对微小振动越敏感，测试数据会增加振动干扰，从而影响加速度计的稳定性和重复性测试。当沿加速度计敏感轴方向的振动频率接近加速度计谐振频率时，加速度计会发生谐振，产生很大的非线性误差，因此，在加速度计测试时，加速度计测试基座必须进行隔振处理。根据加速度计测量精度，还需要在无外界振动源的环境条件下进行高精度加速度计测试。

3）电磁干扰误差

加速度计测试环境中存在各种电磁随机干扰信号。在加速度计零位信号测试，尤其是在阈值、死区测试时，加速度计输出值很微小。此时，加速度计输出的有效信号容易受到与其数量级相当的电磁干扰信号影响，在很大程度上会影响测试结果精度。为降低电磁干扰信号对加速度计性能的影响，加速度计壳体或底座选用高导磁材料，使用屏蔽测试电缆，使测试设备外壳良好接地，同时对测试信号采用滤波等不同措施。

根据加速度计工作原理和结构设计不同，加速度计误差的来源也不完全相同。对于系统测试误差可以通过试验找出规律，通过软件等手段加以修正补偿。对于随机误差，要尽可能消除干扰源，降低干扰强度。

4.2.3 测试

加速度计标定的试验目的是通过加速度计数学模型计算各项系数，从而根据加速度计的特性数据，确定加速度计的非线性、稳定性和重复性等精度。加速度计的测试与标定一般采用重力场静态翻滚试验，根据测试精度，进行四位置、八位置等多位置静态性能试验。在精密离心机上对加速度计进行全量程范围的精密离心试验，从而通过线振动试验对加速度计动态性能进行考核，以便考察长时间下加速度计的稳定性、重复性。

1. 重力场静态性能试验

加速度计重力场静态性能试验是以重力加速度 $1g$ 为标准，以加速度计输入轴方向与重力场 $1g$ 的分量为输入量，测量加速度计输出，计算出加速度计的各项性能参数的试验。通常采用等角度分割的多位置翻滚程序，计算出加速度计静态性能参数。

1）测试范围

加速度计重力场试验的测试范围只能是在当地重力加速度 $\pm 1g$ 范围内，

不能完成大于$\pm 1g$的全量程加速度计试验，对加速度计非线性系数和交叉耦合系数的标定测试精度较低。由于重力加速度为$1g$重力场大小和方向精确，因此重力场测试是各种加速度计静态性能参数测试的主要试验项目之一。

2）测试安装位置

为提高试验精度，一般将加速度计安装固定在精度高的精密光学分度头或角度精度高的精密端齿盘上进行加速度计重力场试验。精密光学分度头或精密端齿盘必须采取隔振措施，同时严格控制测试工装的平面度等形位公差。随着数字计算机控制的发展，通过光栅角度传感器、计算机控制的精密自动分度头，推动了加速度计向高精度、低噪音、自动测试和实时数据显示及处理方向发展。

3）加速度计重力场试验

加速度计在进行地球重力场翻滚试验时，其输入加速度按正弦规律变化，输出值理论上也相应地以正弦规律变化。然而由于各方面的原因，实际上加速度计的输出值并不完全是正弦变化。如果对实际输出的周期函数进行傅里叶分析，可以得到常值项、正弦基波项、余弦基波项和其他高次谐波项，计算出静态模型的各项系数。

加速度计在地球重力场的测试中的静态数学模型方程为

$$E = K_0 + K_1 A + K_2 A^2 + K_3 A^3 + \delta_p - \delta_o \tag{4-8}$$

式中，E为加速度计输出；K_0为偏值；K_1为标度因数；K_2为二阶非线性系数；K_3为三阶非线性系数；A为输入加速度；δ_p、δ_o为失准角误差。

使输入轴I与重力加速度方向保持一致，摆轴P与输入轴I绕输出轴O旋转，以重力加速度计为输入基准，分别以P轴指地、I轴指天、P轴指天、I轴指地的四位置重力场的方法进行加速度测试。加速度计四位置如图 4-3 所示。

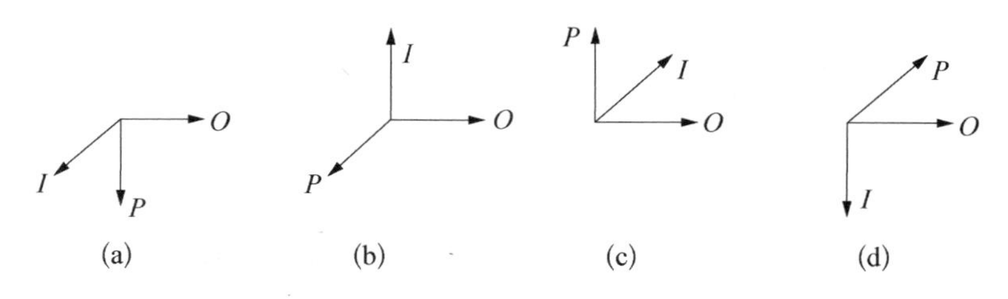

图 4-3　加速度计四位置

(a) 位置 1；(b) 位置 2；(c) 位置 3；(d) 位置 4

根据重力场的不同输入，测试加速度计输出，然后按下式计算加速度计偏值、标度因数、二阶非线性系数以及失准角等加速度计静态性能参数：

$$K_1=\frac{\bar{E}_2-\bar{E}_4}{2R_S} \tag{4-9}$$

$$K_0=\frac{\bar{E}_1+\bar{E}_3}{\bar{E}_2-\bar{E}_4}=\frac{\bar{E}_1+\bar{E}_3}{2K_1R_S} \tag{4-10}$$

$$K_2=\frac{-\bar{E}_1+\bar{E}_2-\bar{E}_3+\bar{E}_4}{\bar{E}_2-\bar{E}_4} \tag{4-11}$$

$$\delta_p(\text{或}-\delta_o)=\frac{\bar{E}_1-\bar{E}_3}{\bar{E}_2-\bar{E}_4} \tag{4-12}$$

式中，R_S 为采样电阻；$\bar{E}_1$、$\bar{E}_2$、$\bar{E}_3$、$\bar{E}_4$为 4 个位置的加速度输出。

重力场四位置翻滚测试的测试范围为$\pm 1g$，能够快速计算出模型方程系数中的偏值 K_0、标度因数 K_1以及二阶非线性系数 K_2，但不能准确确定模型方程中的交叉耦合系数等其他误差项，可以采用八位置等多位置试验进行解算，得出精度较高的交叉耦合系数。对于加速度计的量程还需要进行精密离心试验，对标度因数非线性，数学模型方程中二阶、三阶等高次系数等参数进行测试，按简化的模型方程进行数据线性拟合、处理，计算出加速度计的标度因数非线性。另外，需要长期进行多次四位置测试，计算标准偏差，考核加速度偏值和标度因数的长期重复性、稳定性等指标。

2. 精密离心试验

加速度计精密离心试验是利用精密离心机(一个能以不同角速度稳定转动的大型精密转台，按加速度计精度要求，转速稳定性和动态半径的稳定性都在百万分之一左右)产生的向心加速度作为输入基准，试验过程中，加速度计以精密离心机旋转产生的离心力作为输入，通过量程范围内不同的特征点测试加速度计的输出，计算出加速度计数学模型中的各项系数。在加速度计量程范围内，通过计算确定加速度计非线性、K_0、K_1、K_2、K_3等数学模型中各项性能参数。加速度计精密离心试验主要用于在量程范围内、大加速度的情况下考核加速度计的输出测量性能，是进行加速度计全量程范围性能测试的主要试验。有的精密离心机测试范围可以高达 $150g$。

3. 长期稳定性、重复性试验

长期稳定、重复性是加速度计的重要性能指标，可通过加速度计长期稳定、重复性试验进行考核评价。加速度计长期稳定性对加速度计进行长时间通电，多次不间断的重力场静态性能试验，测试计算出偏值、标度因数，对多组测试结果按标准偏差进行处理。加速度计长期重复性对加速度计长时间间断通电，在相同环境条件下，进行多次重力场静态性能试验，测试计算出偏值、标度因数，对多组测试结果按标准偏差进行处理。

4. 动态试验

在动态性能参数的测试过程中，通过信号发生仪，使用整个频段的输入信号，测试加速度计的振荡度、固有频率、截止频率等闭环频率特性指标。根据幅值频率特性图，幅值最大值除以 20 Hz 时的幅值即为加速度计的振荡度，振荡度所对应的频率即为加速度计的固有频率，与 20 Hz 时的幅值相比较，降低 3 dB 时的频率即为加速度计的截止频率。输入阶跃信号，测试加速度计过渡过程时间、振荡次数及超调量等参数指标。

另外，也可以在精密线振动台上进行加速度计线振动试验，对加速度计动态性能指标进行考核评价。精密线振动台只有线振动，没有角振动和交叉轴振动，振动频率和幅值的稳定性很高。精密线振动台正弦振动时，产生的线振动加速度作为加速度计输入，来测定加速度计各项性能，主要用于测试加速度计与输入加速度的平方成比例的二阶非线性系数和频率响应特性。

4.3　MEMS 电容加速度计

4.3.1　工作原理

MEMS 电容加速度计有“三明治”状和梳齿状等典型结构形式。采用体硅精加工技术完成“三明治”结构，通过检测差分电容，将敏感的加速度信号转化为电压信号，检测精度较高。基于表面微加工工艺的梳齿状结构相对简单，检测精度较低。MEMS 电容式加速度传感器的读出电路包含开环结构和闭环结构两种。

MEMS 微机械敏感元件结构通过体硅加工工艺而得，工作原理与石英挠性加速度计表头类似，当质量块感知到加速度力作用，因受到外部力的冲击产生相应位移，从而使质量块与电容传感器上、下极板间的距离发生变化，导致质量块与上、下极板间的电容差发生变化，通过伺服电路将电容差转化为可测量的电压，完成对系统所受加速度的检测。MEMS 电容式加速度传感器质量块、结构电路刚度以及电容式 MEMS 数字加速度计的敏感结构阻尼可以认为是一个典型的二阶“质量-弹簧-阻尼”系统。电容式加速度计工作原理如图 4-4 所示，图中，C_1、C_2 为差动电容，d_1、d_2 为差动电容的极板距离，x 为移动距离。MEMS 电容式加速度传感器如图 4-5 所示。

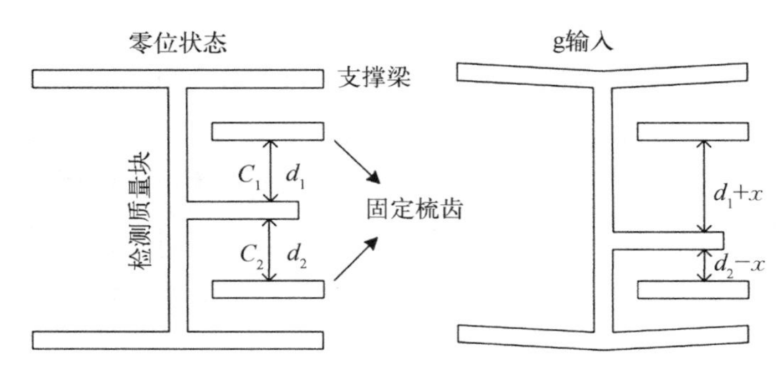

图 4-4　电容式加速度计工作原理

图 4-5　MEMS 电容式加速度传感器

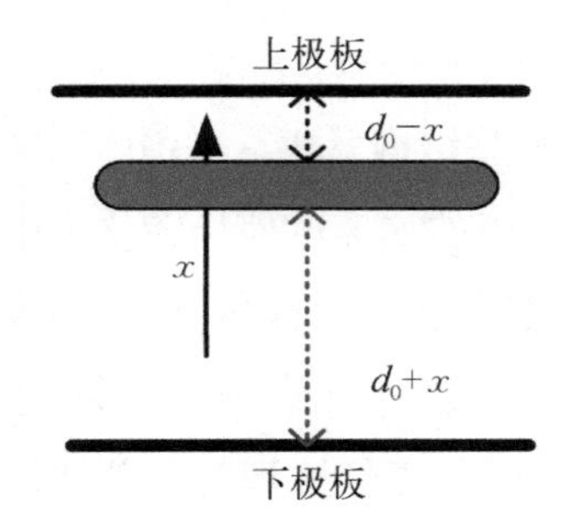

图 4-6　敏感结构差分电容模型

MEMS 电容加速度计的敏感结构差分电容模型与石英挠性加速度计的差分电容模型相类似，如图 4-6。图中，d_0 为差的电容传感器零位的极板距离。

当质量块 m 感知加速度时，质量块会发生移动，差分电容 C_B发生变化。设质量块产生的位移为 x，可得差动电容 C_T、C_B为

$$C_{\mathrm{T}}=\frac{\varepsilon A}{d_0-x} \tag{4-13}$$

$$C_{\mathrm{B}}=\frac{\varepsilon A}{d_0+x} \tag{4-14}$$

那么由于质量块位置变化所产生的电容差为

$$C_{\mathrm{T}}-C_{\mathrm{B}}=\varepsilon A\left(\frac{1}{d_0-x}-\frac{1}{d_0+x}\right)=\frac{\varepsilon A}{d_0}\left(\frac{1}{1-\frac{x}{d_0}}-\frac{1}{1+\frac{x}{d_0}}\right) \tag{4-15}$$

质量块在未检测到加速度时的零位电容

$$C_0=\frac{\varepsilon A}{d_0} \tag{4-16}$$

设

$$u=\frac{x}{d_0} \tag{4-17}$$

得

$$\begin{aligned} C_{\mathrm{T}}-C_{\mathrm{B}}&=C_0\left(\frac{1}{1-u}-\frac{1}{1+u}\right)=2C_0\,\frac{u}{1-u^2} \\ &=2C_0(u+u^3+u^5+\cdots)\approx 2C_0u \end{aligned} \tag{4-18}$$

由于位移 x 相对于 d_0 足够小，差分电容能够有效减小非线性偶数次项的影响，u 非常小，此时，$C_{\mathrm{T}}-C_{\mathrm{B}}\approx 2C_0u$。

4.3.2　技术参数

MEMS 电容加速度计的敏感结构根据系统在低频区的线性频率响应实现对加速度的测量，加速度计品质因子

$$Q=\frac{\omega_0 m}{b}=\frac{\sqrt{mk}}{b} \tag{4-19}$$

式中，ω_0 为谐振频率；m 为敏感质量；k 为结构刚度；b 为结构阻尼。

敏感结构的幅频、相频特性如下：

$$\left|\frac{X(j\omega)}{a_{\mathrm{in}}(j\omega)}\right|=\frac{1}{\sqrt{(\omega_0^2-\omega^2)^2+\left(\frac{b}{m}\omega\right)^2}}=\frac{1}{\sqrt{(\omega_0^2-\omega^2)^2+\left(\frac{\omega\omega_0}{Q}\right)^2}} \tag{4-20}$$

$$\arg\left(\frac{X(j\omega)}{a_{in}(j\omega)}\right)=\arctan\left(\frac{\omega\omega_0}{Q\cdot(\omega_0^2-\omega^2)}\right) \tag{4-21}$$

式中，j 为转动惯量；ω 为角频率。

使用 MATLAB 软件，绘制出敏感结构的单位阶跃响应曲线和频域特性曲线，如图 4－7、图 4－8 所示。

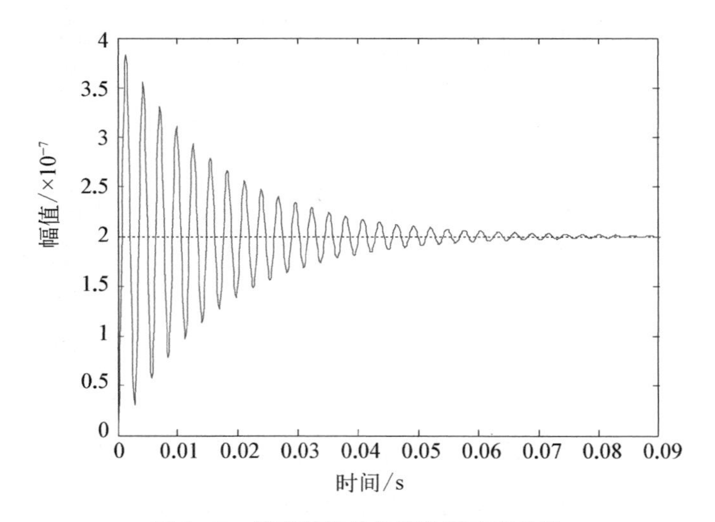

图 4－7　敏感结构的单位阶跃响应曲线

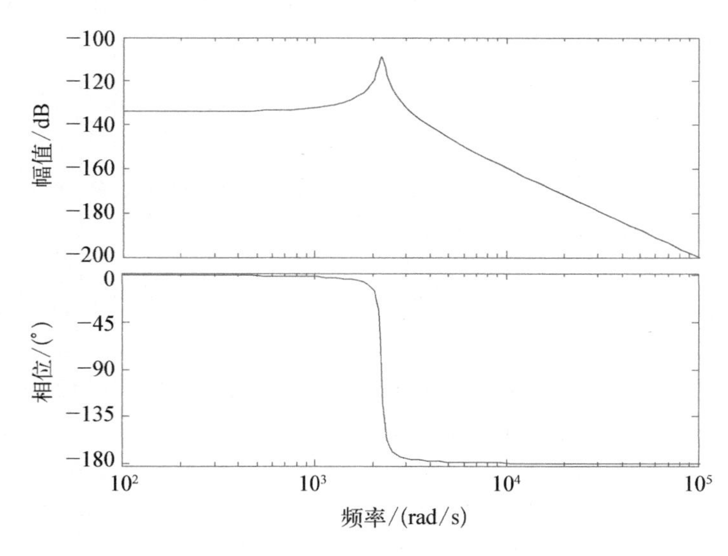

图 4－8　敏感结构的频域特性曲线

MEMS 电容加速度计敏感结构是一个欠阻尼二阶系统，系统响应速度快，调节时间较长；具有二阶积分器低通滤波特性，低频增益较小，对微弱振动信号不敏感。因此，MEMS 电容加速计存在“死区”。敏感结构相关的频域特性曲线如图 4－9 所示，图中，k_1、k_2、k_3 为微法结构刚度。敏感结构阻尼相关的频域特性曲线如图 4－10 所示，图中 b_1、b_2、b_3 为阻尼。

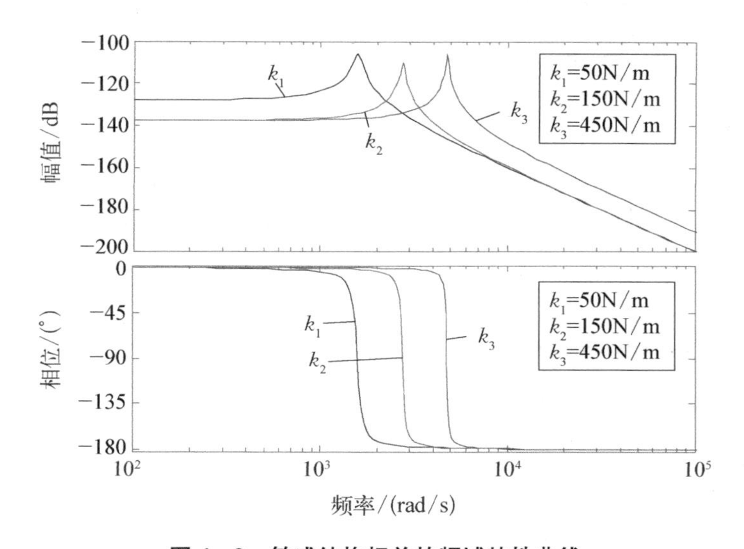

图 4－9　敏感结构相关的频域特性曲线

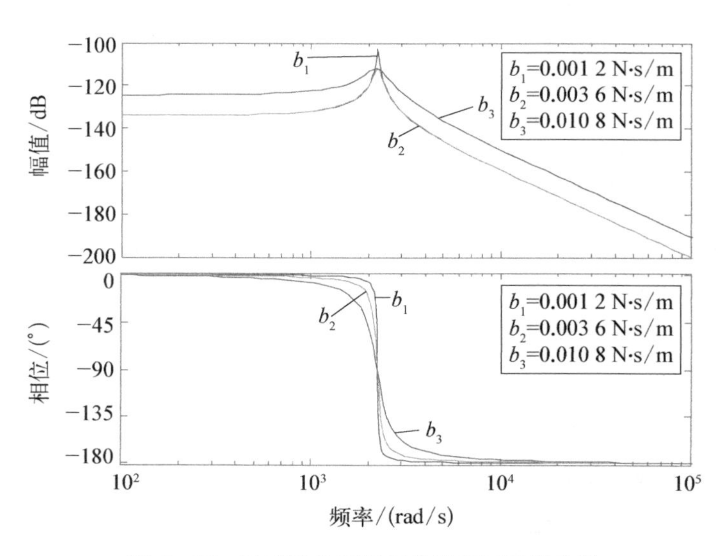

图 4－10　敏感结构阻尼相关的频域特性曲线

MEMS电容加速度计的微机械敏感结构采用“三明治”和梳齿状的差动电容检测器，在后级信号检测电路中，采用数字环路积分器来提高 sigma-delta 调制器性能，以提升 MEMS 电容加速度计信号检测电路性能。

4.4 MEMS硅微加速度计

4.4.1 工作原理

20 世纪 80 年代，世界上第一款开环压阻式 MEMS 硅微加速度计研制成功。根据不同检测手段，可分为电容式、谐振式、压阻式、压电式等 MEMS 硅微加速度计。其中，属于谐振式加速度计的振梁硅微加速度计工作原理如图 4 - 11 所示。

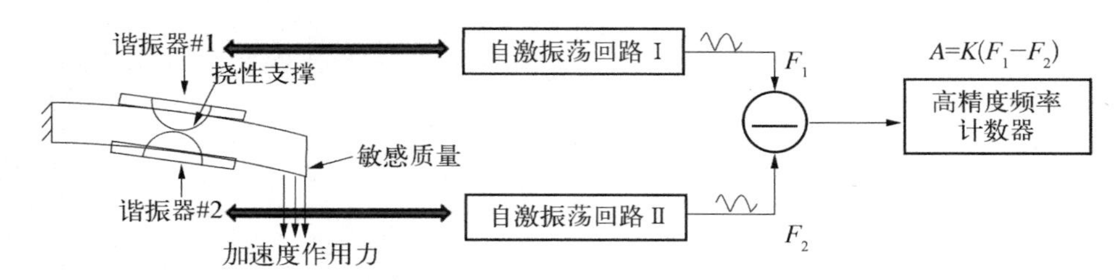

F_1—回路Ⅰ输出的振荡频率；F_2—回路Ⅱ输出的振荡频率；A—频率输出；K—系数。

图 4 - 11　振梁式 MEMS 硅微加速度计工作原理

振梁式 MEMS 硅微加速度计在对质量敏感的输入轴方向安装了一对推挽差动式的石英振梁，上下石英振梁分别和两个自激振荡电路构成振荡回路，该回路输出的振荡信号频率跟踪石英振梁的自身机械谐振频率。当有加速度输入时，产生力效应，使一个石英振梁受拉力作用，机械频率升高，另一个石英振梁受压力作用，机械频率降低，两个振梁之间的频率差与输入的加速度成正比。两路振荡回路的频率输出信号经过高精度频率计数器，便可以获得数字量的频差。加速度计这种推挽差动式传感器原理能有效减小温度、力学、气压、时钟、老化等共模误差，提高加速度计环境适应性能。同时，可在加速度计内部安装温度传感器芯片，用于加速度计温度误差补偿。

4.4.2 误差分析

由于MEMS器件一般采用硅材料制备，而环境温度对硅材料的性能有很大影响，就MEMS硅微加速度计而言，温度可能导致敏感表头、读出电路性能产生漂移。为降低温度对MEMS硅微加速度计性能的影响，在工程实践中，通过大量测试数据，建立MEMS硅微加速度计温度模型，研究温度对MEMS硅微加速度计输出的影响，通过改变MEMS硅微加速度计敏感结构、工艺、材料和工作环境，来提高硅微加速度计的输出精度。常采用的方法如下：

(1) 在结构设计中，对器件结构进行热分析，通过优化器件结构形状和布局，降低器件对温度的敏感度。

(2) 在整体设计、电路设计中，采用增加负温度系数的材料、元件，抵消由温度变化引起材料物理参数的变化。

(3) 在姿态测量系统使用中，改善加速度计工作环境，或者采用屏蔽方法使加速度计内部保持恒定温度，如采用隔热屏蔽罩等。

随着人工智能、计算机信息技术的不断发展，可引入人工智能深度学习方法，补偿MEMS硅微加速度计温度。通过足够量的MEMS硅微加速度计测试数据样本，包含MEMS硅微加速度计输出、芯片温度输出，使用卷积神经网络作为MEMS硅微加速度计温度模型，获得温度补偿模型，卷积神经网络的参数以矩阵的形式存储在加速度计信息处理电路的DSP中，进而嵌入MEMS加速度计系统中，在MEMS硅微加速度计正常工作时，可以自动实现温补后的加速度输出，最终提高MEMS硅微加速度计的零偏、零偏稳定性、标度因数非线性度和温度系数等性能。

石英振梁加速度计由体积小、可靠性高的薄膜混合集成激振电路，包括阻尼板、金属摆和振梁的敏感组件、底座和上盖。加速度计各部分主要采用胶粘、激光点焊和缝焊等的结构装配方式，电路连接采用金丝球焊等方式。加速度计内置温度传感器，用于温度补偿。加速度计整体采用激光焊接，以确保内部气体稳定性。石英振梁加速度计量程大，标度因数稳定性高，动态性能好，产品结构简单、金属密封、可靠性高，通过对摆和振梁的低应力和高精度加工技术、振梁和摆之间的低应力高精度贴片技术、低噪声激振电路技术、低水汽气密性封装技术和高精度频率测量技术研究创新，能够满足中、高精度姿态测量系统应用需求。

国外石英振梁加速度计研究与工程应用已经非常成熟，美国 HONEYWELL 公司的典型产品 RBA500 先后和激光陀螺仪、高精度 MEMS 陀螺仪构成了多型战术级 IMU，在其公布的 9 型 IMU 中，共有四型中高精度惯性产品都采用了 RBA500，该产品年产量为 10 万只。法国 IXBLUE 公司的典型产品 iXal A5 采用导航级石英谐振梁技术，和高精度光纤陀螺仪构成导航级 IMU，从 2008 年开始工程化研制，并于 2017 年左右开始量产，主要应用在高精度航海领域。石英振梁加速度计如图 4－12 所示。

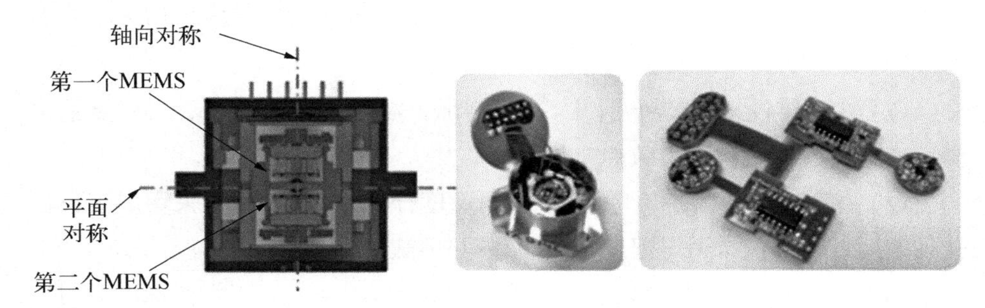

图 4－12　石英振梁加速度计

第 5 章

惯性测量技术

惯性测量是基于惯性保持的方位和检测的加速度，实现对系统姿态、姿态角速度和速度的测量。本章首先介绍惯性测量使用的相应惯性坐标系，详细分析了惯性测量中角速度通道、加速度通道的信号采集方法，分析各惯性量的主要误差模型，研究了标定、误差补偿等方法。

5.1 概述

在惯性测量系统中，使用陀螺仪输出角速度，经信息处理电路，对惯性系统的角速度进行实时采集，使用误差补偿技术、算法等手段计算输出系统绕惯性坐标系各敏感轴的角速度。使用加速度计对飞行器飞行加速度进行实时测量，通过采样、误差补偿、算法计算出惯性系统各惯性轴向的飞行速度及相对参考坐标系的距离。

惯性测量技术包含了惯性量算法、信号滤波与采集、误差补偿以及接口通信等技术。惯性测量系统主要利用陀螺仪和加速度计对系统角速度、加速度进行测量。对惯性测量系统的计量与校准主要是对角速度与加速度通道的计量与校准，同时对信息处理电路进行误差分离。在实际应用中，由于陀螺仪、加速度计等惯性传感器本身存在制造误差、安装误差以及受温度等因素的影响，将对飞行器惯性测量系统的测量精度产生很大影响，导致对飞行器姿态测量产生很大误差。因此，在无人机飞行器姿态测量中，需要对惯性测量误差进行分析，建立误差模型，对误差进行补偿处理，尽量减小惯性测量系统的测量误差。

5.2 惯性坐标系

任何物理量的测量都需要确定参考系及相应的坐标系。建立惯性坐标系是确保惯性测量准确的关键，任何无人载体的惯性测量就是实现其姿态角速度和速度的测量。在偏航角速度、加速度的测量过程中，需要去除相对惯性轴的地球角速度分量。地球自转相对于惯性空间的角速度为 $7.292\ 115\times10^{-5}$ rad/s（15.041 06°/h）。在当地地理坐标系中，地球角速度通常表示为两个分量：北向（或水平）分量和天向（或垂直）分量。在惯性测量标定中，通常利用北向基准、惯性或与地球固连的笛卡尔坐标系按地球角速度两个分量进行系统角速度标定。

惯性坐标系以日心惯性坐标系代表惯性空间，坐标系原点为太阳中心，坐标轴指向恒星。惯性坐标系是没有旋转和加速度运动的坐标系，即绝对静止或保持匀速直线运动的坐标系。根据不同的使用要求，惯性坐标系分为地心惯性坐标系和发射点惯性坐标系。其中，地心惯性坐标系 $Ox_iy_iz_i$ 以地心为原点，坐标系 x_i 轴和 y_i 轴在地球赤道平面内，x_i 轴指向春分点，z_i 轴为地球自转轴，沿地轴指向北极。地心惯性坐标系为右手坐标系，是陀螺和加速度计输出的参考基准[10]，如图 5-1 所示。

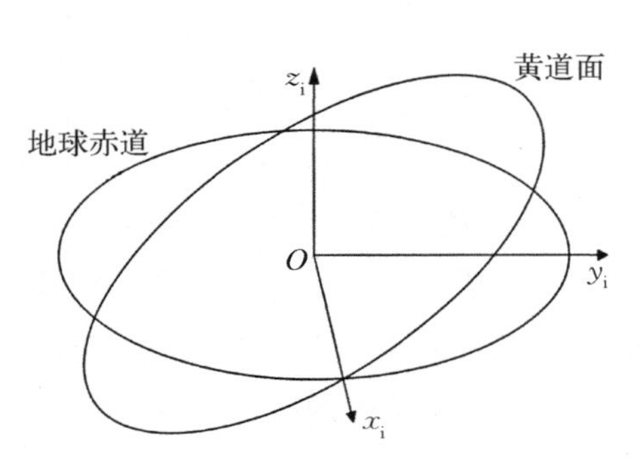

图 5-1　地心惯性坐标系

地球坐标系的坐标原点为地球中心，x_e轴指向本初子午面，y_e轴为赤道平面交线，z_e轴与地球自转轴重合。地球坐标系是原点位于地心且与地球固联的右手直角坐标系。地球坐标系随着地球一起转动，相对地心惯性坐标系的转动角速度为 ω_{je}，地球相对惯性空间的转动角速度的大小为地球自转角速度，即 24 h 旋转 360°，方向可近似认为恒定不变。

地理坐标系的坐标原点为仪器的中心或地球表面上的一点，坐标系 x_n 轴和 y_n 轴在当地水平面内，z_n 轴沿当地垂线指向上方，习惯以“北、西、天”为顺序构成右手坐标系。地理坐标系可用来表示飞行器所在的位置，它随地球自转及飞行器的运动而相对于地心惯性坐标系运动。坐标系原点 O_n 一般为飞行器的质心，z_n 轴沿当地参考椭球的法线指向天顶，x_n 轴、y_n 轴、z_n 轴分别垂直，通常所说的“东北天”地理坐标系是在当地水平面内，x_n 轴沿当地纬度线指向正东，y_n 轴沿当地子午线指向正北。地球坐标系与地理坐标系如图 5－2。

机载飞行器坐标系是与飞行器关联的直角坐标系，通过导航坐标系确定机载飞行器的三维姿态角，一般取飞行器的质心为原点，坐标系横滚（x_b）轴一般取飞行器的收尾线方向并指向首部，俯仰（y_b）轴则指向飞行器右侧方向，与方位（z_b）轴构成右手直角坐标系[10]。机载飞行器坐标系如图 5－3 所示。

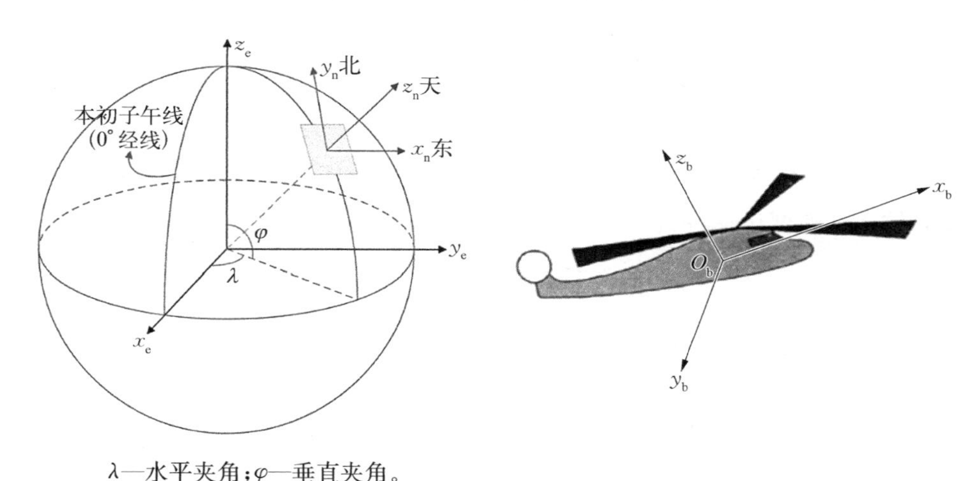

λ—水平夹角；φ—垂直夹角。

图 5－2　地球坐标系与地理坐标系　　**图 5－3　机载飞行器坐标系**

地球的自转可以看作地球坐标系相对惯性坐标系的转动，对机载飞行器设定地理坐标系后，就可以计算当地地理坐标系的绝对角速度。

5.3　惯性测量原理

惯性角速度是飞行器坐标系相对于参考坐标系的角速度在地理坐标系的投影。它包含航向角速度、横滚角速度和纵摇角速度三个角速度，其中航向角速度是航向角对时间的变化率，横滚角速度是横滚角对时间的变化率，纵摇角速度是纵摇角（俯仰角）对时间的变化率。惯性加速度主要分为角加速度与视加速度。

在惯性测量系统中，通常使用陀螺仪测量系统角速度信息，使用加速度计测量视加速度信息。测量输入的惯性测量信号的采集与处理是主要对角增量、速度增量数据的周期采样。角速度、视加速度数据为瞬时采样。输出的惯性测量信息为经误差补偿后的角速度、视加速度、角增量和速度增量,按系统进行串行或并行传输信息。通常使用中高精度的动力调谐陀螺仪和石英挠性加速度计感应系统的角速度和视加速度信息。在角速度、加速度惯性量测量中,陀螺仪和加速度计的精度对惯性测量系统的测量精度影响很大。除此之外,在惯性测量中,对角速度通道、加速度通道输出进行信号采集与处理、误差模型建立与补偿,是惯性测量的关键技术。

惯性测量系统一般包含陀螺仪、加速度计、二次电源组合、电源滤波组件、A/D 转化电路等。基于双轴陀螺仪、加速度计的惯性测量原理如图 5-4 所示。图中,U_{AxQ}、U_{AyQ}、U_{AzQ} 分别为 x、y、z 轴加速度通道全量输出;U_{AxZ}、U_{AyZ}、U_{AzZ} 分别为 x、y、z 轴加速度通道增量输出;A_x、A_y、A_z 分别为 x、y、z 轴输入加速度;ω_x、ω_y、ω_z 分别为 x、y、z 轴输入角速度;$U_{\Omega xQ}$、$U_{\Omega yQ}$、$U_{\Omega zQ}$

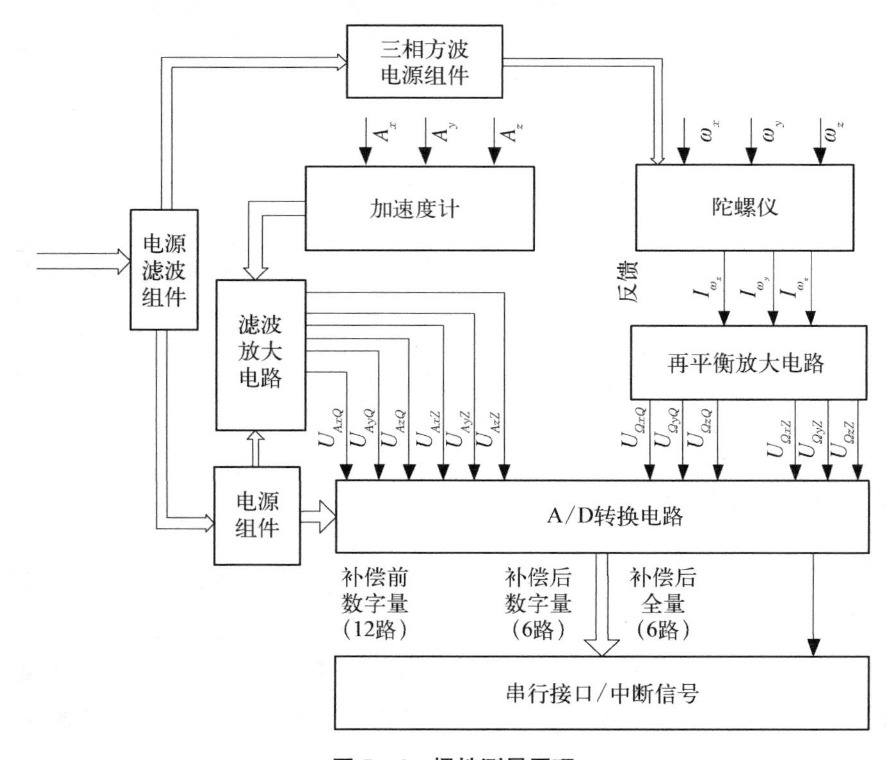

图 5-4　惯性测量原理

分别为 x、y、z 轴角速度通道全量输出；$U_{\Omega xZ}$、$U_{\Omega yZ}$、$U_{\Omega zZ}$ 分别为 x、y、z 轴角速度通道增量输出；I_{ω_x}、I_{ω_y}、I_{ω_z} 分别为 x、y、z 轴陀螺仪力矩器输出的力反馈电流。

系统供电经过滤波后，分别为陀螺仪、加速度计及 A/D 转化电路提供电力，陀螺仪、加速度计把测得的角速度和加速度信号输入 A/D 转化电路，最后经 A/D 转化电路补偿信号后输入串行接口/中断信号，按通信协议要求输出。

5.4　惯性测量信息采集

5.4.1　角速度信息采集

在惯性量测量系统中，用两只动力调谐陀螺仪分别感知系统三个轴向的角速度。动力调谐陀螺仪是双轴陀螺仪，每只动力调谐陀螺仪能够感知 2 个方向的角速度，其中一只动力调谐陀螺仪仅需使用一个轴，但仍需配以相应的再平衡电路才能使动力调谐陀螺仪正常工作，所以在惯性测量系统中内部设计了四路再平衡电路与两只陀螺仪，形成闭环回路。动力调谐陀螺仪也是力反馈闭环陀螺仪，需要在反馈回路中提供进动力矩电流，克服陀螺仪飞轮角动量矩，使动力调谐陀螺仪旋转轴与原惯性主轴保持一致。因此，为了使动力调谐陀螺仪的一个轴正常工作，需提供两路再平衡电路，每路再平衡电路主要由相敏解调电路、低通滤波、陷波器、校正网络、解耦环节、功放等构成，其主要功能是将感知到的角速度信号转换为与之成比例的电压信号。为了减少角增量通道零位漂移，角增量输出直接通过采样电阻送入 A/D 模数转换电路，供模数转换。而为了保证全量通道的动态特性、降低动力调谐陀螺仪电机旋转频率等固有频率影响，在采样电阻后端增加陷波器和低通滤波器，最后经信号处理电路输出至 A/D 模数转换电路，供模数转换，实现对角速度通道信号的采样。在使用系统时，一般在一块电路板上实现 2 只动力调谐陀螺仪四路再平衡电路输出，其中有一路不工作的陀螺仪角速度通道，不需进行信号处理，通过采样电阻直接输出至陀螺力矩器线圈，形成闭合回路，使陀螺仪稳定工作。基于二轴动力调谐陀螺仪的角速度信号采集电路原理如图 5 - 5 所示。

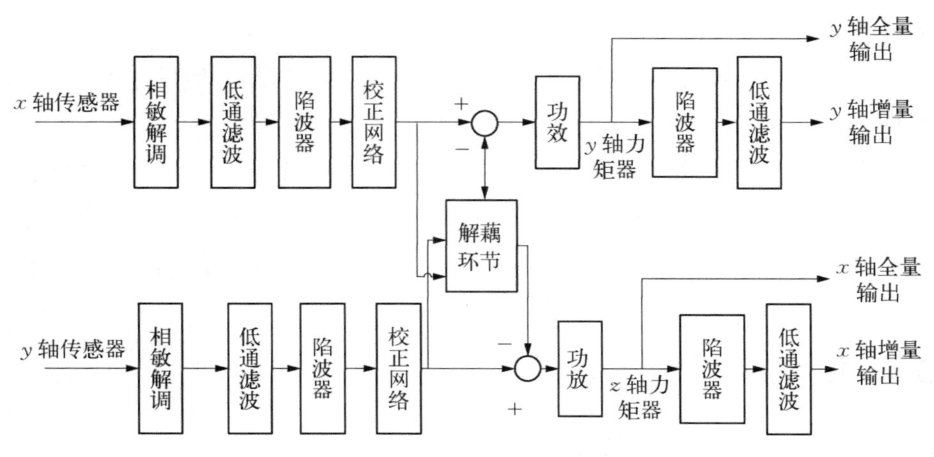

图 5-5　角速度信号采集电路原理

动力调谐陀螺仪传感器是一个双轴差动电感传感器，在磁芯线圈上通以高频(16 kHz)激磁电流，与高速旋转飞轮上的导磁环产生相应的电感差，感知因底座转动产生的角度信号，因此传感器输出的是一个高频载波调幅信号。在使用系统时，通过相敏解调电路的功能将陀螺仪传感器信号解调为幅值与陀螺仪感知到的角速度信号成比例的直流信号，实现传感器信号的解调。当陀螺仪传感器输出信号的相位与基波信号的相位为同相时，相敏解调器输出为负，反之为正。相敏解调电路由一个 16 kHz 带通滤波器、一个反向放大器和一个同相放大环节组成。

低通滤波电路采用二级无源 RC(resistance-capacitance)低通网络构成，可滤掉相敏解调输出的高频噪声信号，同时不影响回路动态特性。采用的低通滤波电路原理如图 5-6 所示。

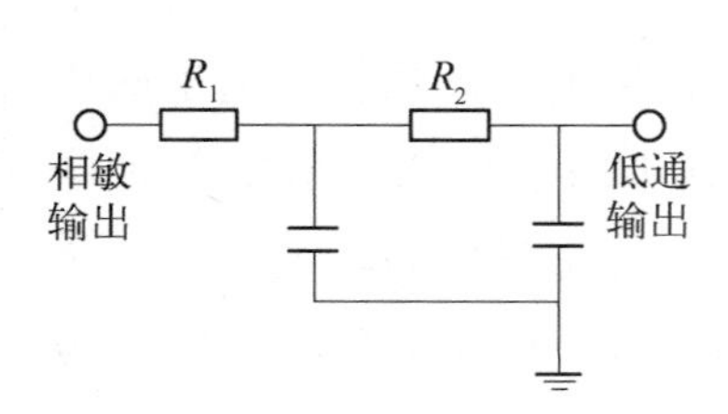

图 5-6　低通滤波电路原理

为了消除电机、转子旋转频率等陀螺固有频率产生的低频干扰信号，在固有频率附近频段设置陷波器，降低该噪声信号的能量，以提高再平衡电路的稳定性和测试精度。

为满足陀螺仪在闭环系统条件下具有的良好动态性能和稳态性能指标，在陀螺仪的再平衡电路中设置校正网络电路，采用运放及阻容元件构成两级有源校正网络，满足惯性测量系统陀螺仪通道带宽、阻尼等要求。

对于同时对双轴角速度敏感的陀螺仪，当一个轴的外力矩作用在转子时，会影响陀螺仪转子的两个轴，两个轴的输入和输出之间会产生耦合效应。使用系统时，可运用解耦环节来消除陀螺仪的交叉耦合效应，使陀螺仪闭环系统变为一个单输入单输出系统，以提高惯性测量系统的测量精度。

为了使陀螺仪力矩器提供足够大的加矩电流，产生力矩以驱动陀螺仪转子的进动，从而实现跟踪壳体的角运动，在陀螺仪反馈电路中设置功率放大环节，采用电流负反馈给陀螺仪力矩线圈施加进动平衡力矩电流，避免因力矩器线圈电阻变化对测试精度的影响。同时，施加的反馈力矩电流大小即为输入角速度的大小，在回路上设置采样电阻，将输出的电流信号转换为模拟量电压信号，供系统进行 A/D 转换，并经误差补偿后输出角增量信息和角速度信息。

动力调谐陀螺仪力矩器输出反馈力矩电流噪声比较大，直接通过采样电阻输出至 A/D 电路进行采样会影响采样精度。在角速度全量信号采样时间短、实时性高的情况下，必须在数据输入 A/D 电路之前对其中的干扰信号进行滤波处理。在惯性测量的陀螺仪再平衡电路的采样电阻后端加入低通滤波器和反向比例放大器组成的信号处理电路，对动力调谐陀螺仪输出的电流信号进行采样输出。角速度通道增量直接提供给 A/D 模数转换电路，全量通道通过陷波环节、低通滤波和反向比例放大环节后输出。

5.4.2　加速度信息采集

加速度计信号采集处理电路主要用于惯性测量系统加速度计输出信号的滤波放大处理，采用增量和全量两种模拟量形式输出，按测量范围，需在全量通道对信号进行滤波放大环节中适当调整。加速度信号采集电路主要由低通滤波电路、基准源电路、时钟电路、Σ－Δ 型 A/D 转换器、串并转换电路等部分组成，主要完成对 x、y、z 轴加速度计输出的力反馈电流 I_{Ax}、I_{Ay}、I_{Az}、信息处理电路模拟地（analog ground，AGND）4 路加速计输出模拟量信号和 1 路系统内部环境温度模拟量信号的采样、滤波和模数转换。加速度信号采集电路原理如图 5－7 所示。

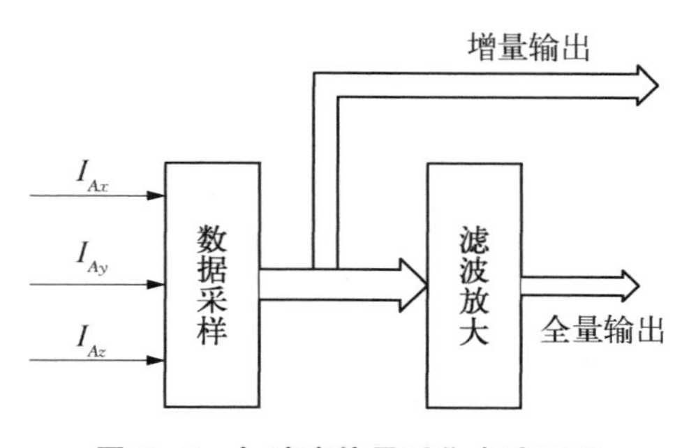

图 5－7　加速度信号采集电路原理

加速度计输出的信号为电流信号，在 MEMS 加速度计输出信号上加采样电阻，将电流信号转换成电压信号输至 A/D 转换器，按系统各轴加速度测量范围、A/D 转换器输出的最大电压选择采样电阻。加速度通道采样电阻的阻值 R 与 A/D 转换器输出电压 U、加速度计标度因数 K、系统视加速度 g 之间关系如下：

$$U = RgK \tag{5-1}$$

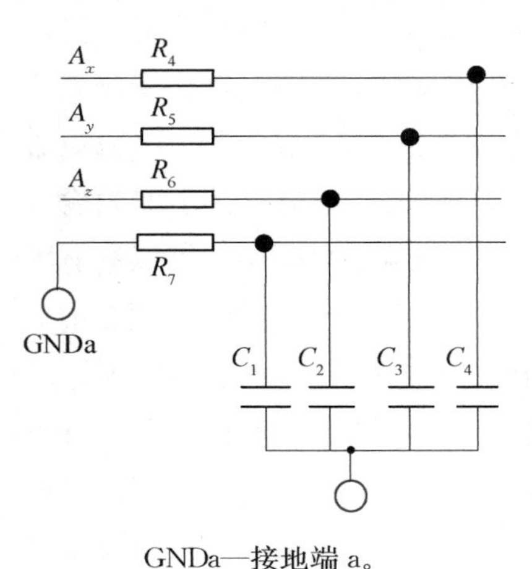

GNDa—接地端 a。

图 5-8　低通滤波电路原理

4 路低通滤波电路均由一阶无源低通滤波组成，采用的 4 路低通滤波电路原理如图 5-8 所示。

3 路低通滤波电路主要对加速度模拟量信号起滤波作用，对应传递函数为

$$G(s) = \frac{U_o(s)}{U_i(s)} = \frac{1}{Ts+1} \tag{5-2}$$

式中，U_o 为一阶低通输出信号；U_i 为一阶低通输入信号。按系统带宽要求，由时间常数 $T = RC$ 选择各电路参数。

基准源电路为 A/D 转换电路的正常工作提供需要的参考电压。基准源电路原理如图 5-9 所示。

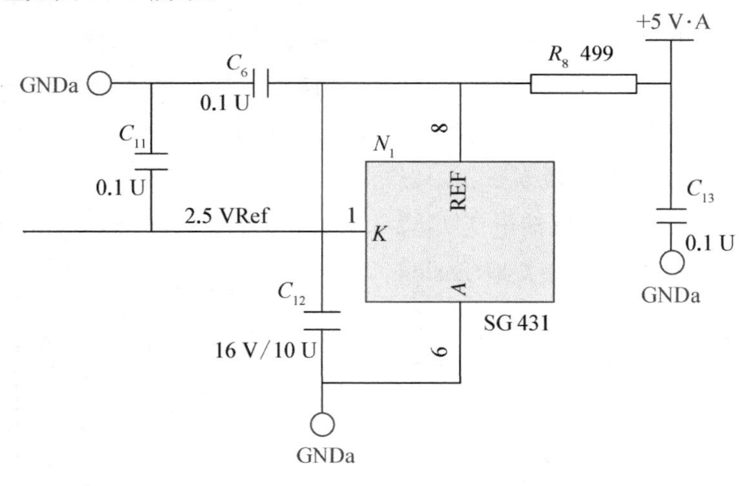

图 5-9　基准源电路原理

按系统加速度传输周期，采用可编程智能器件的硬中断＋定时器软中断的方式确定加速度传输周期，即选用晶振产生精确定时中断，A/D 转换器每隔一个数据周期发送中断给 DSP，DSP 立即启动定时器，并完成加速度全量的采集，当采样周期定时完成，在定时器中断时再次完成加速度全量的采集，实现一个周期采集 2 次加速度数据。使用 Σ－Δ 型 A/D 转换器采集加速度信号模拟量和 1 路加速度计模拟信号参考地。

5.5　惯性测量信息处理

在惯性量测量系统中，信息处理电路主要将 3 路加速度全量模拟量信号经 A/D 模数转换电路进行模数转换，通过 DSP 进行误差补偿运算后形成加速度全量信息；将 3 路角速度全量模拟量输入 A/D 模数转换电路进行模数转换，通过 DSP 进行误差补偿运算后形成角速度全量信息；将 3 路加速度增量模拟量输入 A/D 模数转换电路，经差分放大转换为模拟量信号，然后通过 A/D 转换器进行模数转换，经 DSP 软件进行误差补偿运算后形成速度增量信息；将 3 路角速度增量模拟量输入 A/D 模数转换电路，经差分放大转换为模拟量信号，通过 A/D 转换器进行模数转换，经 DSP 软件进行误差补偿运算后形成角增量信息；实时测量系统内部温度，并送入 DSP 供误差标定及补偿；产生系统特点定时信号，通过串行通信接口将误差补偿后的角增量、速度增量、角速度、加速度以及 A/D 转换原始数据实时输出；通过串行通信接口将误差标定结果上传至 A/D 模数转换电路中并永久保存，供误差补偿软件调用，以提高系统的使用维护性能。A/D 模数转换电路由信号处理电路、测温电路、模数转换电路及通信接口电路四部分组成。信息处理电路原理如图 5－10 所示。

角速度通道、加速度通道分别输出的 3 路增量模拟量经差分放大后，通过 Σ－Δ 型 A/D 转换器进行模数转换，转换结果经数字信号处理器进行实时数据采集，误差补偿计算出 3 路角度增量和 3 路速度增量。角速度通道、加速度通道分别输出的 3 路全量模拟量直接通过 SAR 型 A/D 转换器进行模数转换，转换结果经数字信号处理器进行实时数据采集，误差补偿计算出 3 路角速度和 3 路加速度。最后通过串行通信接口实时输出角速度、加速度、角度增量、速度增量等系统姿态信息。

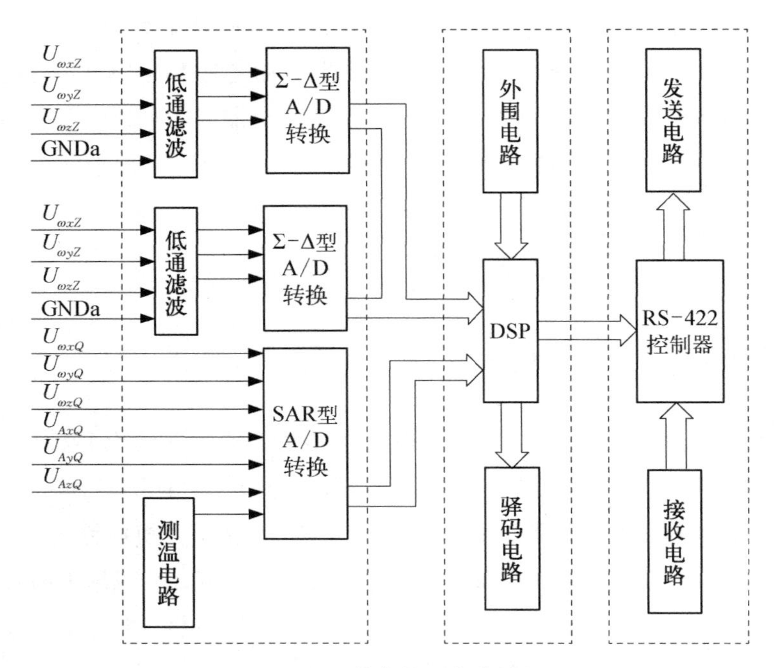

图 5-10　信息处理电路原理

测温电路为高精度模数转换电路，测温电阻输出的温度信号采用高速 A/D 进行采集，通过一路运算放大器实现温度信号调理，测温电路原理如图 5-11 所示。

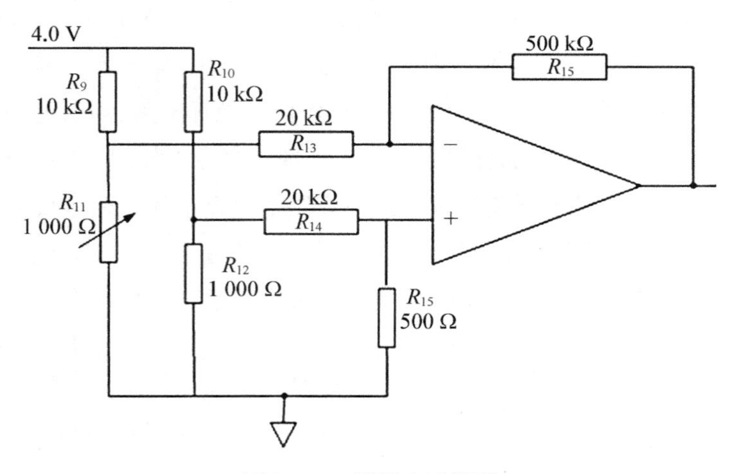

图 5-11　测温电路原理

高精度、低漂移运算放大电路，测温铂电阻 R 与温度 T 的关系为

$$R = 1\,000 + 4.1T \tag{5-3}$$

电阻标称值为 1 000 Ω，运算放大器的输入端电压 U_0 与温度 T 的关系为

$$U_0 = \frac{4.0 \times 4.1T}{10\,000} \tag{5-4}$$

测温铂电阻温度电压模拟量经运算放大 25 倍后再送入 A/D 转换器模拟输入端进行采集。

$$T = \frac{10\,000U_0}{4.0 \times 4.1} = \frac{10\,000U}{4.0 \times 4.1 \times 25} \tag{5-5}$$

式中，U 为经运算放大后的计算值。取 $R_{13} = R_{14} = 20\ \text{k}\Omega$，$R_{15} = R_{39} = 500\ \text{k}\Omega$，如测量范围为－60～ 60℃，计算可得 U 的范围为－2.46～2.46 V，而 A/D 转换器输入范围为－10～10 V。测温铂电阻灵敏度为 4.1 Ω/℃，换算成电压信号则是 1.64 mV/℃，经 A/D 转换器放大后为 41 mV/℃，而 14 位 A/D 转换器的分辨率为 1.2 mV，则测温分辨率可达到小于 1℃的精度。

根据惯性测量精度和动态特性的要求，分别用两种 A/D 转换器件来实现角速度、加速度数据的实时采集，实现角速度通道、加速度通道的模数转换。用 Σ－Δ 型高精度模数转换器采集增量数据，通过 A/D 转换器采集角速度、加速度的全量数据，满足惯性测量数据的动态特性。其中，高精度模数转换电路采用高精度 A/D 转换智能器件，外部可调基准源提供 2.5 V 供电，有四个独立的 Σ－Δ 调制器和低通数字滤波器，四个通道独立采集，无须使用多路模拟开关，采样过程无须干预，输入信号范围为－2.5～2.5 V，可以实现对解算周期的全过程采样，能有效抑制动力调谐陀螺仪回路中存在的固有频率干扰信号，达到数据实时采集的精度和分辨率的要求。根据数据输出周期定时要求，选择时钟源频率，通过晶振提供时钟源。另外，为了满足系统高速、实时性的使用要求，参考选择 14 位 SAR 型高速模数转换电路，采用可调基准源 SG431 提供 4 V 参考电源，与 DSP 通过同步串行口(synchronous serial port, SSP)直接连接，具有 8 通道单端输入，工作方式采用长采样模式，用内部参考时钟，每通道的采样转换时间约为 9.6 μs。

惯性测量系统的信号处理电路由高速 DSP 及其外围复位和时钟电路组成。其中，高速 DSP 是 A/D 模数转换电路的计算控制中心，DSP 芯片内部具有 32 k

字节的FLASH程序存储器、4.5 k字节的RAM数据存储器、64 k字节I/O空间及软件等待状态产生器，完成角速度、加速度信息的高速实时数据采集、误差补偿、数据输出。通过DSP芯片的四个外部I/O口中的I/O0、I/O1、I/O2三根线的时序变换来模拟串行时序，实现对两片A/D变换器的初始化和从A/D变换器接口电路读取数据；通过DSP芯片的外部中断信号引脚(编号为INT1)读取A/D变换器电路输出的中断信号，同时软件在该中断内运行；控制A/D变换器的采样转换，通过DSP的同步串行口读取采样转换结果；利用DSP芯片的异步串口实现上传误差系数数据和程序到DSP芯片内部存储器的功能。DSP芯片外部采用晶振为时钟源，通过内部锁相环处理后达到惯性测量系统工作时钟频率。

串行通信控制接口电路采用DSP＋串行通信控制器方式实现，按系统对外通信接口波特率等要求，实现数据光电隔离和自动发送、接收功能。通信接口电路原理如图5-12所示。

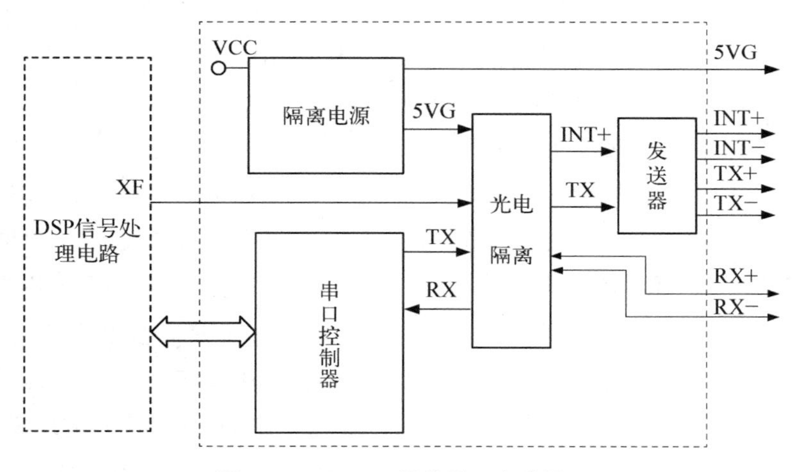

图5-12 RS422通信接口电路原理

注：图中XF、VCC、5VG、TX、TX＋、TX－、RX、RX＋、RX－、INT＋、INT－均为芯片引脚标识。

5.6 惯性测量误差模型与补偿

惯性测量误差主要包含系统惯性传感器安装误差，加速度通道、角速度通道测量误差和温度误差。

在惯性测量系统中，用于惯性量测量的陀螺仪和加速度计的三个敏感轴与系统各测量轴平行或重合，按系统测量误差要求，通常要求陀螺仪和加速度计的三个敏感轴的正交误差相对于惯性量测量壳体安装面的安装误差较小，在系统标定环节补偿安装误差。

加速度通道、角速度通道误差主要由加速度通道的增量系数、加速度通道的全量系数、角速度通道的增量系数、角速度通道的全量系数引起，为此需建立加速度通道增量、加速度通道全量、角速度通道增量和角速度通道全量的数学模型。

惯性测量角速度通道角度增量及角速度误差补偿模型如下：

$$\begin{bmatrix} W\theta_x \\ W\theta_y \\ W\theta_z \end{bmatrix} = \begin{bmatrix} K_x & K_xE_{yz} & K_xE_{zx} \\ K_yE_{xy} & K_y & K_yE_{zy} \\ K_z & K_zE_{xz} & K_z \end{bmatrix}^{-1} \left\{ \begin{bmatrix} N_{ax} \\ N_{ay} \\ N_{az} \end{bmatrix} - \begin{bmatrix} K_xD_x \\ K_yD_y \\ K_zD_z \end{bmatrix} \right\} \tag{5-6}$$

式中，N_{ai} 为误差补偿前脉冲量，$i=x, y, z$；K_i 为标度因数，$i=x$、y、z；D_i 为零位，$i=x, y, z$；E_{ij} 为安装误差，$i=x, y, z$，$j=x, y, z$；$W\theta_i$ 为角度增量补偿量或角速度补偿量，$i=x, y, z$。

式中，$\begin{bmatrix} K_x & K_xE_{yz} & K_xE_{zx} \\ K_yE_{xy} & K_y & K_yE_{zy} \\ K_z & K_zE_{xz} & K_z \end{bmatrix}^{-1} \begin{bmatrix} K_xD_x \\ K_yD_y \\ K_zD_z \end{bmatrix}$ 为角速度通道误差系数，存于 DSP 第二片存储器中，角度增量和角速度各一组，误差补偿子程序运行时按照对应的温度点将其读出，解算出角度增量补偿量或角速度补偿量。

视加速度误差补偿模型如下：

$$\begin{bmatrix} \hat{a}_x \\ \hat{a}_y \\ \hat{a}_z \end{bmatrix} = \begin{bmatrix} K_x & 0 & 0 \\ 0 & K_y & 0 \\ 0 & 0 & K_z \end{bmatrix}^{-1} \left\{ \begin{bmatrix} N_{ax} \\ N_{ay} \\ N_{az} \end{bmatrix} - \begin{bmatrix} K_xD_x \\ K_yD_y \\ K_zD_z \end{bmatrix} \right\} \tag{5-7}$$

式中，N_{ai} 为补偿前脉冲量，$i=x, y, z$；K_i 为标度因数，$i=x, y, z$；D_i 为零位，$i=x, y, z$；$\hat{a}_i$ 为视加速度全量补偿量，$i=x, y, z$。

式(5-7)中，$\begin{bmatrix} K_x & 0 & 0 \\ 0 & K_y & 0 \\ 0 & 0 & K_z \end{bmatrix}^{-1} \begin{bmatrix} K_xD_x \\ K_yD_y \\ K_zD_z \end{bmatrix}$ 为视加速度通道误差系数，存

于 DSP 第二片存储器中，误差补偿子程序运行时按照对应的温度点将其读出，解算出视加速度补偿量。

速度增量误差补偿模型为

$$\begin{bmatrix}\Delta V_x\\\Delta V_y\\\Delta V_z\end{bmatrix}=\begin{bmatrix}K_x & K_xE_{yz} & K_xE_{zx}\\K_yE_{xy} & K_y & K_yE_{zy}\\K_z & K_zE_{xz} & K_z\end{bmatrix}^{-1}\left\{\begin{bmatrix}N_{ax}\\N_{ay}\\N_{az}\end{bmatrix}-\begin{bmatrix}K_xD_x\\K_yD_y\\K_zD_z\end{bmatrix}\right\} \tag{5-8}$$

式中，N_{ai} 为速度增量各通道误差补偿前脉冲量，$i=x, y, z$；k_i 为标度因数，$i=x, y, z$；D_i 为零位，$i=x, y, z$；E_{ij} 为安装误差，$i=x, y, z$，$j=x, y, z$；ΔV_i 为速度增量补偿量，$i=x, y, z$。

通过数学模型可知，速度增量的误差系数包括 3 个标度因数、3 个零位误差、9 个安装误差。

从惯性测量系统的角速度、加速度误差模型中可看出，三只加速度计需要完成零偏、$\pm 1g$ 重力场中的测试，三只陀螺仪需要以地球自转角速度为基准进行不同角速度测试，各惯性量输出经过采集电路，进行误差分析计算，输出误差系数，在测量软件中进行补偿。因此，姿态测量系统 6 个惯性量的标定通常采用六位置标定加速度通道的重力场误差系数以及加速度计相对安装误差系数，不同角速度标定角速度通道误差系数及陀螺仪相对安装误差系数。

加速度通道六位置标定如表 5-1 所示。

表 5-1　加速度通道六位置标定

位置	坐标轴取向			重力加速度/g		
	x 轴	y 轴	z 轴	x 轴	y 轴	z 轴
1	东	天	南	0	−1	0
2	东	北	天	0	0	−1
3	地	东	南	1	0	0
4	西	地	南	0	1	0
5	天	西	南	−1	0	0
6	南	西	地	0	0	1

位置标定结束后进行角速度标定，分别使 x、y、z 轴分别指天进行标定测试，标定角速度可以根据角速度测量范围确定。为了方便计算，扣除因转台的转速不稳定导致的误差，一般采用转台旋转 360°所需时间确定转速。通常角速度标定速度点如表 5-2 所示。

表 5-2　角速度标定速度点

序 号	输入角速度(°/s)	输入轴	测试时间/s
1	±10	x、y、z	36
2	±50	x、y、z	18
3	±100	x、y、z	18

根据转台速度点进行各角速度通道数据采集，分别分离出惯性量测量角速度通道增量和全量误差补偿所需各项误差系数，加速度通道增量和全量误差补偿所需各项误差系数。

惯性测量系统中，惯性传感器、信息处理电路元器件等都对温度敏感，在系统的工作温度范围内，结合惯性传感器、电子元器件的温度特性选择相应的温度点，在每个温度点惯性测量各通道的误差系数，对系统进行温度标定，再对不同的误差系数进行不同算法的温度补偿。

在系统环境温度范围内，重建温度误差补偿模型，温度误差补偿采用如下次样条曲线方程：

$$S(x)=M_i\frac{(x_{i+1}-x)^3}{6h_i}+M_{i+1}\frac{(x-x_i)}{6h_i}+\left(y_i-\frac{M_ih_i^2}{6}\right)\frac{x_{i+1}-x}{h_i}+\left(y_{i+1}-\frac{M_{i+1}h_i^2}{6}\right)\frac{x-x_i}{h_2} \tag{5-9}$$

式中，$h_i=x_{i+1}-x_i$，x_i 表示第 i 个温度节点；y_i 表示第 i 个温度节点对应的各项静态误差系数。第 i 个温度点的输出值 $M_i(i=0,\ 1,\ \cdots,\ n-1)$ 另由公式求出。

该方法适用于温度特性较差、参数随温度呈非线性变化的情况。该方法还具有所有插值算法共有的特点：插值结点灵活多变，通过试验，插值结点的选取可根据函数曲线形状或一阶导数变化情况灵活更改和增减。

利用最小二乘法计算得到方程系数，将方程系数嵌入到测量软件中，在工作中，工作软件可根据温度传感器的实时温度输出值计算出所需的误差系数。

第 6 章

航向姿态测量技术

本章介绍了航向姿态测量原理，典型惯性传感器在航向姿态测量的应用，航向、偏转、俯仰倾角等姿态算法。通过使用的惯性敏感器件的分析，建立误差模型，对姿态输出误差进行补偿。还介绍了航向姿态测量过程中振动、电磁、温度等力学、气候环境因素对姿态测量的影响，通过试验分析，修正航向姿态测量算法及误差因子。

6.1 概述

姿态测量技术是通过对运动载体的姿态角和位置等参数的确定，利用惯性传感器对载体惯性空间的 3 个角速度、加速度的敏感信息进行解算的惯性导航技术，是实现载体自主式测量和控制的最佳手段。

在飞行器惯性姿态测量系统中，通常使用陀螺仪输出角速度，对飞行器的角速度进行实时采集，通过积分算法计算航向角。角度编码器实时对飞行器的 360°旋转精度进行补偿。长航时的工作过程对陀螺仪精度提出了很高要求。

在载体姿态角测量过程中，需要将载体坐标系实时投影到地理坐标系中，从而解算出载体的实时姿态角信息。载体坐标系任一时刻的姿态都可以分解为地理坐标系绕载体的 x、y、z 轴的三次旋转变换，其中每次旋转变换的坐标轴都对应此刻的坐标系，经过不同的转动顺序会形成不同的坐标转换，一般按航向角 ψ、俯仰角 θ 和横滚角 γ 的顺序来表示载体坐标系相对于地理坐标系的空间旋转变换。坐标系转换如图 6－1 所示。

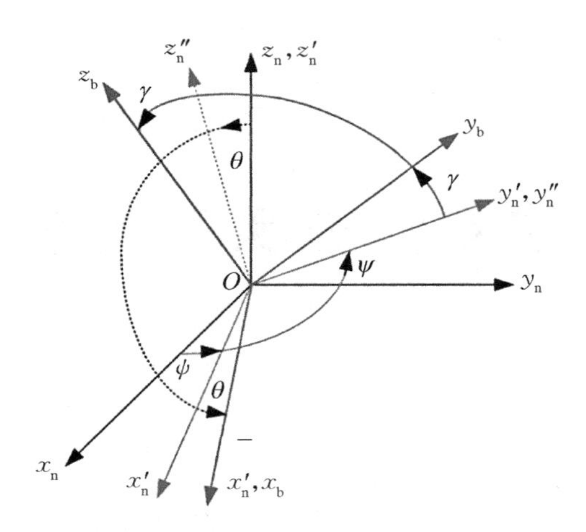

图 6-1 坐标系转换

在初始状态下，载体坐标系 $Ox_by_bz_b$ 和地理坐标系 $Ox_ny_nz_n$ 各个轴对应且重合，当载体运动时，载体坐标系开始转动，可以分解为相对于地理坐标系依次绕 Oz_n 轴、Oy_n' 轴、Ox_n'' 轴顺序进行转动。当坐标系绕 Oz_n 轴转动 ψ 角，实现 $Ox_ny_nz_n$ 到 $Ox_n'y_n'z_n'$ 的坐标系变换。其坐标变换矩阵如下：

$$\boldsymbol{C}_1 = \begin{bmatrix} \cos\psi & -\sin\psi & 0 \\ \sin\psi & \cos\psi & 0 \\ 0 & 0 & 1 \end{bmatrix} \tag{6-1}$$

当绕 Oy_n' 轴转动 θ 角时，实现了从 $Ox_n'y_n'z_n'$ 到 $Ox_n''y_n''z_n''$ 的坐标系变换。其坐标变换矩阵如下：

$$\boldsymbol{C}_2 = \begin{bmatrix} \cos\theta & 0 & -\sin\theta \\ 0 & 1 & 0 \\ \sin\theta & 0 & \cos\theta \end{bmatrix} \tag{6-2}$$

当绕 Ox_n'' 轴转动 γ 角，实现了从 $Ox_n'y_n'z_n'$ 到 $Ox_n'y_nz_n$ 的坐标系变换。其坐标变换矩阵如下：

$$\boldsymbol{C}_3 = \begin{bmatrix} 1 & 0 & 0 \\ 0 & \cos\gamma & \sin\gamma \\ 0 & -\sin\gamma & \cos\gamma \end{bmatrix} \tag{6-3}$$

将坐标系每一次绕不同轴的旋转得到的变换矩阵相乘，从而得到的新矩阵就是从载体坐标系到地理坐标系的坐标转换，转换矩阵为 $\boldsymbol{C}_{\mathrm{n}}^{\mathrm{b}}$。

$$\boldsymbol{C}_{\mathrm{n}}^{\mathrm{b}}=\boldsymbol{C}_1\times\boldsymbol{C}_2\times\boldsymbol{C}_3$$

$$=\begin{bmatrix}\cos\psi & -\sin\psi & 0\\ \sin\psi & \cos\psi & 0\\ 0 & 0 & 1\end{bmatrix}\times\begin{bmatrix}\cos\theta & 0 & -\sin\theta\\ 0 & 1 & 0\\ \sin\theta & 0 & \cos\theta\end{bmatrix}\times\begin{bmatrix}1 & 0 & 0\\ 0 & \cos\gamma & \sin\gamma\\ 0 & -\sin\gamma & \cos\gamma\end{bmatrix}$$

$$=\begin{bmatrix}\cos\psi\cos\theta & \sin\psi\cos\theta & -\sin\theta\\ -\cos\gamma\sin\psi+\sin\gamma\sin\theta\sin\psi & \cos\psi\cos\gamma+\sin\gamma\sin\theta\sin\psi & \cos\theta\sin\gamma\\ \sin\gamma\sin\psi+\cos\psi\cos\gamma\sin\theta & -\sin\gamma\cos\psi+\cos\gamma\sin\psi\sin\theta & \cos\gamma\cos\theta\end{bmatrix} \tag{6-4}$$

在从地理坐标系到载体坐标系的旋转过程中，其坐标系各轴始终保持两两垂直的状态，$\boldsymbol{C}_{\mathrm{n}}^{\mathrm{b}}$ 为正交矩阵，关系式如式(6-5)所示。

$$(\boldsymbol{C}_{\mathrm{n}}^{\mathrm{b}})^{-1}=\boldsymbol{C}_{\mathrm{b}}^{\mathrm{n}}=(\boldsymbol{C}_{\mathrm{n}}^{\mathrm{b}})^{\mathrm{T}}=\boldsymbol{C}_1^{\mathrm{T}}\boldsymbol{C}_2^{\mathrm{T}}\boldsymbol{C}_3^{\mathrm{T}}$$

$$\begin{bmatrix}\cos\psi\cos\theta & -\cos\gamma\sin\psi+\sin\gamma\sin\theta\cos\psi & \sin\gamma\sin\psi+\cos\gamma\sin\theta\cos\psi\\ \sin\psi\cos\theta & \cos\psi\cos\gamma+\sin\gamma\sin\theta\sin\psi & -\sin\gamma\cos\psi+\cos\gamma\sin\theta\sin\psi\\ -\sin\theta & \sin\gamma\cos\theta & \cos\gamma\cos\theta\end{bmatrix} \tag{6-5}$$

式中，矩阵 $\boldsymbol{C}_{\mathrm{b}}^{\mathrm{n}}$ 是关于 ψ、θ 和 γ 角的函数。在惯性姿态测量系统中，系统测得的姿态信息是相对于载体坐标系的，通过坐标转换，将该测得的姿态信息即时投影到地理坐标系中，矩阵 $\boldsymbol{C}_{\mathrm{b}}^{\mathrm{n}}$ 完成了投影的过程，因此又称 $\boldsymbol{C}_{\mathrm{b}}^{\mathrm{n}}$ 为姿态矩阵。

6.2 航向姿态测量原理

航向姿态测量应用高精度光纤陀螺仪、激光陀螺仪及石英挠性加速度计等惯性传感器，实时采集系统的角速度惯性量，通过后续对陀螺仪输出信息采样电路、加速度 IF 高精度变换电路，进行误差补偿与信息处理，完成航向姿态角速度实时测量，进行航向、横滚、俯仰等姿态角的解算，并通过后续接口、通信电路与飞行器控制系统进行数据传输与交互。在地面姿态测量中，也可通过加速度计实时输出的加速度信息与重力加速度的关系，解算系统的横滚、俯仰姿态角信息。

航向姿态测量系统一般主要包含角速度陀螺仪、加速度计、二次电源组合、信号处理电路、输入输出接口及算法、误差补偿软件等。典型光纤航向姿态测量系统组成如图 6-2 所示。

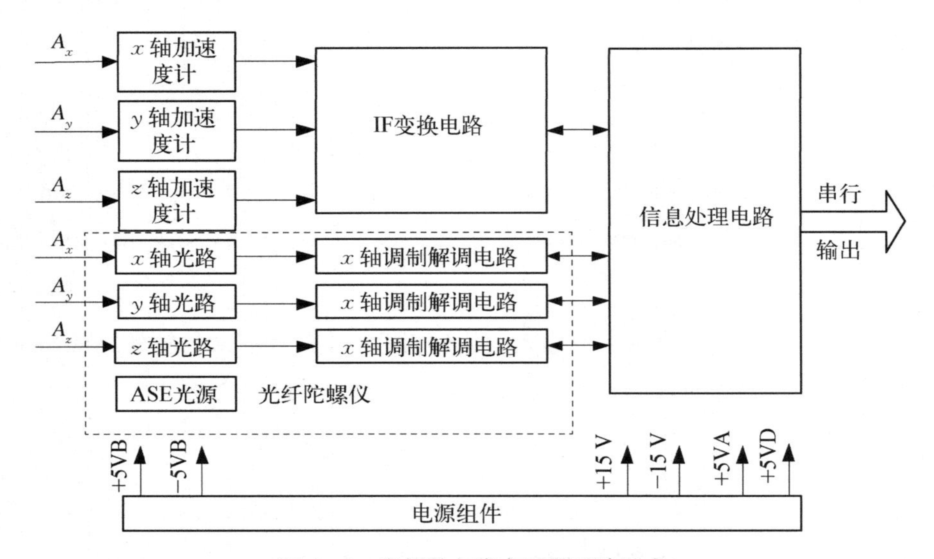

图 6-2　光纤航向姿态测量系统组成

航向姿态测量系统中使用陀螺仪测量系统的角速度，根据陀螺仪的工作原理，对陀螺仪感知的角速度信息进行采样、处理，输出系统的姿态角速度，通过系统软件积分输出实时的姿态角信息。在鱼雷等长航时水中航向姿态测量系统中可使用高精度的光纤陀螺仪、激光陀螺仪等惯性传感器感知系统实时角速度信息。高精度光纤陀螺仪技术指标如表 6-1 所示。

表 6-1　高精度光纤陀螺仪主要技术指标

序号	项　　目	技术指标
1	测量范围	−500°/h～+500°/s
2	零位/(°/h)	≤1
3	阈值/(°/h)	≤0.005
4	分辨率/(°/h)	≤0.005
5	标度因数非线性/ppm	≤20

续　表

序 号	项　　目	技 术 指 标
6	启动时间/s	＜4
7	数据更新间隔	按需
8	温度范围/℃	−40～+60

高精度石英挠性加速度计重复性、稳定性均能够达到 10 μg，航向姿态测量系统中，通过高精度 I/F 电路信息采集，敏感系统的视加速度，输出系统的位置信息。高精度石英挠性加速度计技术指标见表 6-2。

表 6-2　高精度石英挠性加速度计技术指标

序 号	试 验 项 目		性能要求
1	量程/g		25
2	偏值/mg		≤1
3	标度因数/(mA/g)		1
4	长期重复性	偏值长期重复性(1σ)/μg	≤10
		标度因数长期重复性(1σ)/ppm	≤10
5	0g 稳定性(1σ)/μg		≤10
6	1g 稳定性(1σ)/ppm		≤10
7	标度因数非线性/%		≤0.01

信息处理电路主要对 3 路角速度输出、3 路加速度输出以及温度输出信号进行采集、处理，通过解算输出载体实时的航向、横滚、俯仰角等姿态信息。采用 FPGA+DSP 等多核架构、RS-422 等接口输出控制与系统进行实时通信。

航向姿态测量系统中信息处理电路、光纤陀螺仪、加速度计分别使用±15 V、±5 V、±3.3 V 等各种不同电源，电源组合将专用滤波模块抑制输出纹波、电源滤波与直流电源组件集成一体。电源组件需要对外供的一次 27 V 电源实现隔离和滤波，并输出惯性传感器需要的±15 V 电源和 5 V 电源。±15 V 电源和

5 V电源采用DC/DC模块来产生，同时实现对输入电源的隔离、对系统供电电源的进线滤波和瞬态抑制、电源模块输出滤波。电源组合一般主要包括电磁兼容性(electromagnetic compatibility，EMC)抑制电路、浪涌抑制电路、DC/DC隔离电源模块、6个输出滤波电路与保护电路等，电源组合原理如图6-3所示。

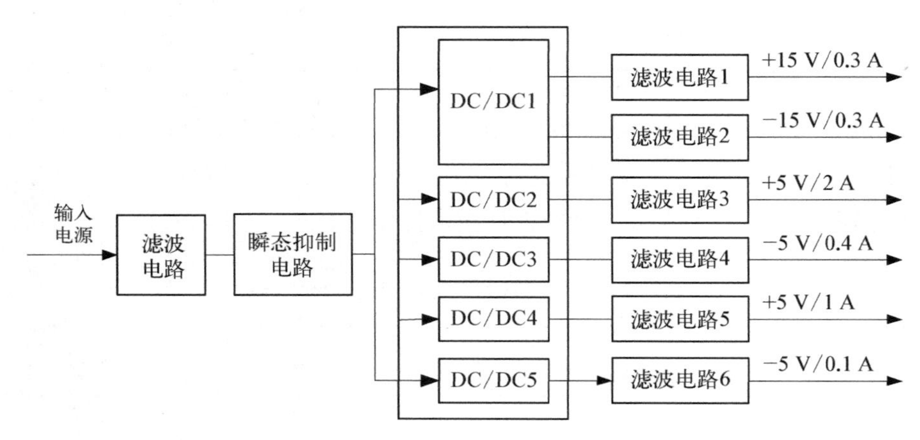

图6-3　电源组合原理

6.3　航向姿态角测量算法

6.3.1　四元数法坐标转换

在坐标转换中，姿态矩阵 $\boldsymbol{C}_{\mathrm{b}}^{\mathrm{n}}$ 的演变过程较复杂，通常采用四元数法进行坐标系之间的转化，从而简化姿态解算的过程。载体坐标系相对于地理坐标系转换的四元数 Q 表示如下：

$$Q = q_0 + q_1 \mathrm{i}_b + q_2 \mathrm{j}_b + q_3 \mathrm{k}_b \tag{6-6}$$

此时，在载体坐标系中，加速度或者角速度各个轴向的表达式为 $[x_{\mathrm{n}}\quad y_{\mathrm{n}}\quad z_{\mathrm{n}}]^{\mathrm{T}}$，使用四元数 Q 表示它们之间的关系，有

$$\begin{bmatrix} 0 \\ x_{\mathrm{n}} \\ y_{\mathrm{n}} \\ z_{\mathrm{n}} \end{bmatrix} = Q \begin{bmatrix} 0 \\ x_{\mathrm{b}} \\ y_{\mathrm{b}} \\ z_{\mathrm{b}} \end{bmatrix} Q^{-1} \tag{6-7}$$

按照四元数的计算方法，可以得到下式：

$$\begin{bmatrix}0\\x_n\\y_n\\z_n\end{bmatrix}=\begin{bmatrix}0&0&0&0\\0&(q_0^2+q_1^2-q_2^2-q_3^2)&2(q_1q_2-q_0q_3)&2(q_1q_3+q_0q_2)\\0&2(q_1q_2+q_0q_3)&(q_0^2-q_1^2+q_2^2-q_3^2)&2(q_1q_3-q_0q_1)\\0&2(q_1q_3-q_0q_2)&2(q_2q_3+q_0q_1)&(q_0^2-q_1^2-q_2^2+q_3^2)\end{bmatrix}\begin{bmatrix}0\\x_b\\y_b\\z_b\end{bmatrix}$$

(6-8)

用四元数来表示姿态矩阵 $\boldsymbol{T}$，有

$$\boldsymbol{T}=\begin{bmatrix}(q_0^2+q_1^2-q_2^2-q_3^2)&2(q_1q_2-q_0q_3)&2(q_1q_3+q_0q_2)\\2(q_1q_2+q_0q_3)&(q_0^2-q_1^2+q_2^2-q_3^2)&2(q_2q_3-q_0q_1)\\2(q_1q_3-q_0q_2)&2(q_2q_3-q_0q_1)&(q_0^2-q_1^2-q_2^2+q_3^2)\end{bmatrix}$$

(6-9)

从而实现载体坐标系相对于地理坐标系的坐标变换。

6.3.2　姿态矩阵的即时更新算法比较

姿态测量系统的姿态角是对姿态矩阵 $\boldsymbol{C}_b^n$ 的即时更新，系统姿态角测量精度高低与姿态矩阵的即时更新算法密切相关。一般有方向余弦的正交化处理方法、欧拉角法和四元数法三种姿态矩阵算法，其中方向余弦的正交化处理方法复杂，现主要针对欧拉角法和四元数法进行简化比较。

1. 欧拉角法

ψ、θ、γ 角度为欧拉角，用 ω 来表示地理坐标系相对于载体坐标系的旋转角速度矢量，有 $\bar{\omega}=\bar{\theta}+\bar{\psi}+\bar{\gamma}$，根据欧拉转动可得

$$\begin{bmatrix}\omega_x\\\omega_y\\\omega_z\end{bmatrix}=\begin{bmatrix}\cos\gamma&0&-\sin\gamma\\0&1&0\\\sin\gamma&0&\cos\gamma\end{bmatrix}\begin{bmatrix}1&0&0\\0&\cos\theta&\sin\theta\\0&-\sin\theta&\cos\theta\end{bmatrix}\begin{bmatrix}0\\0\\\psi\end{bmatrix}$$

$$+\begin{bmatrix}\cos\gamma&0&-\sin\gamma\\0&1&0\\\sin\gamma&0&\cos\gamma\end{bmatrix}\begin{bmatrix}\theta\\0\\0\end{bmatrix}+\begin{bmatrix}0\\\gamma\\0\end{bmatrix}$$

$$=\begin{bmatrix}-\sin\gamma\cos\gamma & \cos\gamma & 0\\ \sin\theta & 0 & 1\\ \cos\gamma\cos\theta & \sin\gamma & 0\end{bmatrix}\begin{bmatrix}\psi\\ \theta\\ \gamma\end{bmatrix} \tag{6-10}$$

对上式进行化简得

$$\begin{bmatrix}\psi\\ \theta\\ \gamma\end{bmatrix}=\frac{1}{\cos\theta}\begin{bmatrix}-\sin\gamma & 0 & \cos\gamma\\ \cos\gamma\cos\theta & 0 & \sin\gamma\cos\theta\\ \sin\theta\sin\gamma & \cos\theta & -\sin\theta\cos\gamma\end{bmatrix}\begin{bmatrix}\omega_x\\ \omega_y\\ \omega_z\end{bmatrix} \tag{6-11}$$

式(6-11)为欧拉角法的微分方程，对这个微分方程进行解算，就可得到角 ψ、θ、γ。欧拉微分方程概念直观，容易理解，但是在微分方程中存在三角函数运算，实时解算比较复杂。当 $\theta\approx 90^\circ$ 时，会出现奇点，从而无法获得此时的姿态角度。因此，欧拉角法在全姿态解算中并不适用。

2. 四元数法

四元数是一种简单的超复数，可以用于描述刚体运动，此时可以看成是地理坐标系相对于载体坐标系经过一次等效旋转来完成坐标的转换。将地理坐标系相对于载体坐标系的一次性旋转用四元数 $Q(q_0,\ q_1,\ q_2,\ q_3)$ 来表示，对它的微分方程进行解算，该过程便实现了对姿态矩阵的即时更新。四元数的微分方程为

$$Q=\frac{1}{2}Q\omega \tag{6-12}$$

式中，ω 为坐标转动过程中的角速度矩阵，且为斜对称矩阵，因此，ω 可用 $\omega=\omega_x i+\omega_y j+\omega_z k$ 来表示，将四元数的微分方程写成矩阵的形式为

$$\begin{bmatrix}q_0\\ q_1\\ q_2\\ q_3\end{bmatrix}=\frac{1}{2}\begin{bmatrix}0 & -\omega_x & -\omega_y & -\omega_z\\ \omega_x & 0 & \omega_z & -\omega_y\\ \omega_y & -\omega_z & 0 & \omega_x\\ \omega_z & \omega_y & -\omega_x & 0\end{bmatrix}\begin{bmatrix}q_0\\ q_1\\ q_2\\ q_3\end{bmatrix} \tag{6-13}$$

一般采用四阶龙格库塔法对式(6-13)进行求解。这种方法求解四元数微分方程的原理是在采样区间 $(k,\ k+h)$ 中选取多个时间点处对应的斜率，并对它们进行加权平均，以得到更加准确的斜率值，进而获得更加精确的四元数更新值。

四元数法的即时更新周期为 h，在这个周期内对 MEMS 陀螺仪的输出值

进行三次采样，分别为 ω_k，ω_{k+T}，ω_{k+2T}，其中 T 为 MEMS 陀螺仪的输出周期，$h=2T$。因此采用四阶龙格库塔法更新四元数所用时间是陀螺仪输出角速度所用时间的 2 倍。使用该算法推导出的公式为

$$q(t+T)=q(t)+\frac{T}{6}(k_1+2k_2+k_4) \tag{6-14}$$

式中

$$k_1=q(t)\omega(t)$$

$$k_2=\frac{1}{2}\left[q(t)+\frac{T}{2}k_1\right]\omega\left(t+\frac{T}{2}\right)$$

$$k_3=\frac{1}{2}\left[q(t)+\frac{T}{2}k_2\right]\omega\left(t+\frac{T}{2}\right)$$

$$k_4=\frac{1}{2}\left[q(t)+\frac{T}{2}k_3\right]\omega(t+T)$$

$q(t+T)$ 为采用四阶龙格库塔法求解四元数微分方程后的值，即为更新值。在求解过程中，存在计算机取值出现截断误差的情况，进而导致姿态矩阵不是正交矩阵，引起姿态解算过程中的额外误差。因此，对四元数采取归一化处理的方法，来实现姿态矩阵的正交化，从而尽可能地减小误差。四元数的归一化处理为

$$\dot{q}(k)=\frac{q(k)}{\sqrt{q_0^2+q_1^2+q_2^2+q_3^2}} \tag{6-15}$$

$$\dot{q}(k)=\dot{q}_0+\dot{q}_1 i+\dot{q}_2 j+\dot{q}_3 k \tag{6-16}$$

更新后的姿态矩阵为

$$\boldsymbol{C}_{\mathrm{b}}^{\mathrm{n}}=\begin{bmatrix}(q_0^2+q_1^2-q_2^2-q_3^2) & 2(q_1q_2-q_0q_3) & 2(q_1q_3+q_0q_2)\\ 2(q_1q_2+q_0q_3) & (q_0^2-q_1^2+q_2^2-q_3^2) & 2(q_1q_3-q_0q_1)\\ 2(q_1q_3-q_0q_2) & 2(q_2q_3+q_0q_1) & (q_0^2-q_1^2-q_2^2+q_3^2)\end{bmatrix}$$

$$=\begin{bmatrix}T_{11} & T_{12} & T_{13}\\ T_{21} & T_{22} & T_{23}\\ T_{31} & T_{32} & T_{33}\end{bmatrix} \tag{6-17}$$

可以求得航向角 ψ、俯仰角 θ 和横滚角 γ 角的主值分别为

$$\begin{cases} \theta = -\sin^{-1} T_{31} \\ \gamma = \tan^{-1} \dfrac{T_{32}}{T_{33}} \\ \psi = \tan^{-1} \dfrac{T_{21}}{T_{11}} \end{cases} \tag{6-18}$$

在航向姿态测量系统中，θ 的定义域为$(-90°, 90°)$，向上为“+”，向下为“−”；γ 的定义域为$(-180°, 180°)$，右倾为“+”，左倾为“−”；ψ 的定义域为$(0°, 360°)$，以地理位置的北面为起点，顺时针方向为“+”，逆时针方向为“−”。

6.4 航向姿态测量信息处理

航向姿态测量系统使用高精度的光纤陀螺仪、加速度计感知载体角速度、视加速度，在信号采集与处理过程中，需要使用高精度的信息处理电路。

信息处理电路主要由角速度、加速度 I/F 信号、温度信号采集电路，DSP 信号处理电路和 RS422 等通信接口电路组成。信息处理电路原理如图 6-4 所示。

信号采集模块主要由加速度信号采集电路、角速度数据采集电路以及温度采集电路三大部分组成。其中，加速度信号采集电路主要完成对 U_{ax}、U_{ay}、U_{az} 三路加速计输出模拟量的采集、滤波及模数转换，GNDa 信号用于对加速度信号的实时零位补偿；角速度数据采集电路主要完成对 W_x、W_y、W_z 三路陀螺仪输出角速度信号。温度采集电路主要完成对系统内部环境温度的采集，温度数据用于系统的温度误差补偿。加速度计电流信号通过采样电阻及低通滤波电路后，通过 $\Sigma-\Delta$ 型 A/D 转换器进行模数转换，转换结果输至串并转换及存储电路，供 DSP 芯片读取，数据在 DSP 芯片中经误差补偿计算后，得出采样时刻的 3 路加速度增量和全量信息。DSP 芯片每接收到一次周期中断信号后，工作软件立即启动一个定时器，再通过 RS-422 串口通信控制器向陀螺仪发送取数命令，陀螺仪在接收到命令后，便通过 RS-422 串行通信口将测得的系统角速度信息和温度信息送出供 DSP 芯片读取，DSP 芯片将数据读取后经误差补偿计算，通过通信接口发出角速度全量信息。

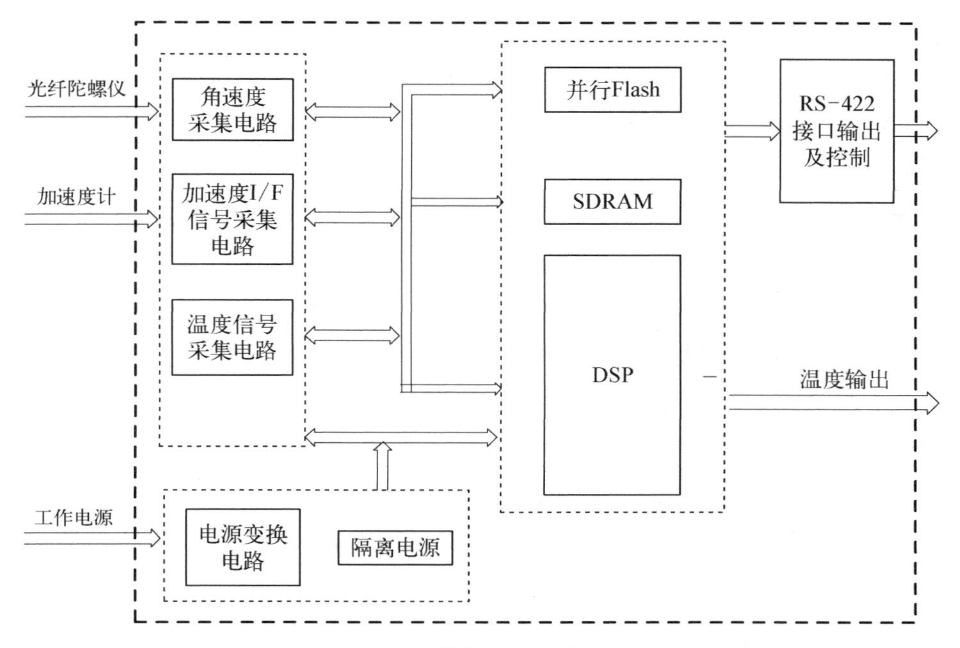

图 6-4　信息处理电路原理

信息处理电路的 DSP 芯片处理和控制电路的主要功能：产生系统所需中断信号；模拟串行时序，实现对 A/D 转换器的初始化；读取串并转换及存储电路中的数据；读取 A/D 转换器输出的中断信号，同时工作软件将在该中断周期内运行；在同一中断周期内，启动一个定时器，控制 RS-422 或 RS-485 通信芯片，发送周期取数命令至陀螺仪，DSP 芯片再通过数据总线读取通信芯片的陀螺数据，经过补偿计算后发送各种通道的测量信息，完成角速度和温度数据的采样、补偿、计算、发送和加速度数据的一次采样、补偿、计算、发送的工作。

通信接口电路主要由 RS-422 发送和接收电路两部分组成，输入输出信号均采取了隔离措施。通信接口电路用于发送经过系统温度补偿后的角速度、角增量、视加速度、速度增量、温度等数字量。

6.4.1　加速度信号采集电路

高精度加速度计多数采用 I/V 或 I/F 转换电路进行数据采集，I/F 转换电路是一种基于电荷平衡原理的电流/频率转换电路，具有抗噪能力强、稳定性高、可靠性高等优点，非常适合高精度加速度计测量。高精度加速度计采样电路主要包含电源组件、I/F 转换电路及脉冲计数组件三部分。其中电源组件负责为 I/F 转换电路、被测传感器供电，供电电源开关提供两层控制开关，一层由软件控制，另一层由硬件控制；I/F 转换电路用于将加速度计输出的电流信号转换为脉冲信号；脉冲计数组件负责对 I/F 转换电路输出的脉冲信号进行采样计数。I/F 转换电路采用电荷平衡原理，对输入的电流信号进行连续不断的积分，可有效抑制电流噪声、传输噪声等，具有良好的抗干扰能力。I/F 转换电路具有占用处理器资源少、抗干扰能力强、便于远距离传输、信号频率可灵活选择、性价比高等优点，被国内惯性制导行业广泛采用。脉冲计数组件使用高速 FPGA 对每个通道的两路脉冲信号进行脉冲计数，采用高分辨率脉冲计数方法可以将计数量化误差减小到常规的 1/10 以下。脉冲计数组件和 I/F 转换电路相互隔离，可有效降低对 I/F 转换电路及被测加速度计的影响。

大部分惯性测量系统用 I/V 转换采集电路完成对 U_{Ax}、U_{Ay}、U_{Az}、U_{GND} 4 路加速计输出模拟量信号和 1 路系统内部环境温度模拟量信号的采样、滤波和模数转换。加速度信号采集电路原理如图 6-5 所示。

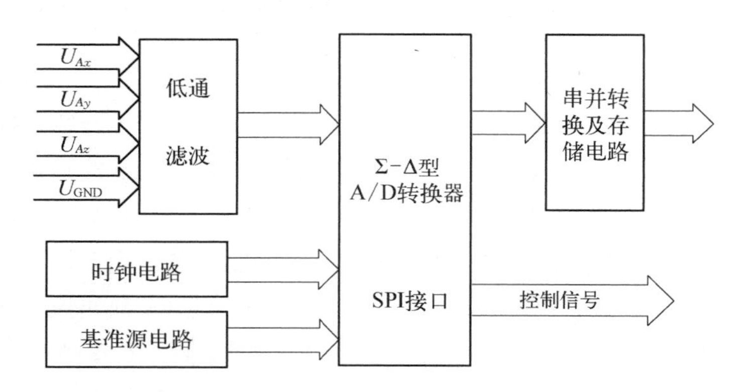

图 6-5　加速度信号采集电路原理

加速度计输出信号为电流信号，按系统各轴加速度测量范围、A/D 转换器输出的最大电压选择采样电阻。加速度通道采样电阻的阻值 R 与 A/D 转换器输出电压 U、加速度计标度因数 K_A、系统视加速度 g 之间有如下关系：

$$U = R \times g \times K_A \tag{6-19}$$

4 路低通滤波电路均由一阶无源低通滤波组成。低通滤波电路如图 6-6 所示。

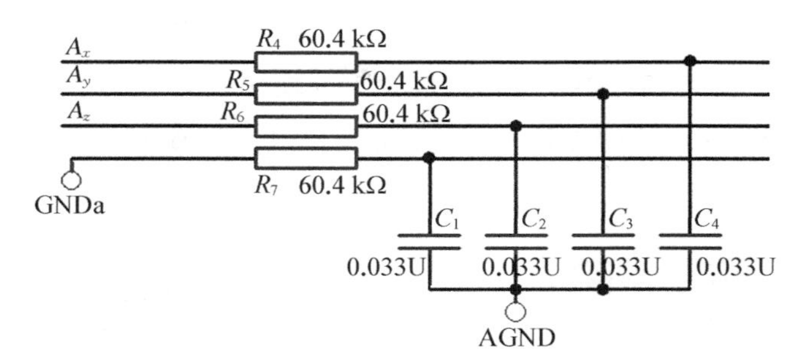

图 6 - 6　低通滤波电路

滤波电路主要对加速度模拟量信号起滤波作用，对应传递函数为

$$G(s)=\frac{U_o(s)}{U_i(s)}=\frac{1}{Ts+1} \tag{6-20}$$

式中，U_o 为一阶低通输出信号；U_i 为一阶低通输入信号。按系统带宽要求，由时间常数 $T=RC$ 选择各电路参数。

基准源电路为 A/D 转换器正常工作需参考电压。基准源电路如图 6 - 7 所示。

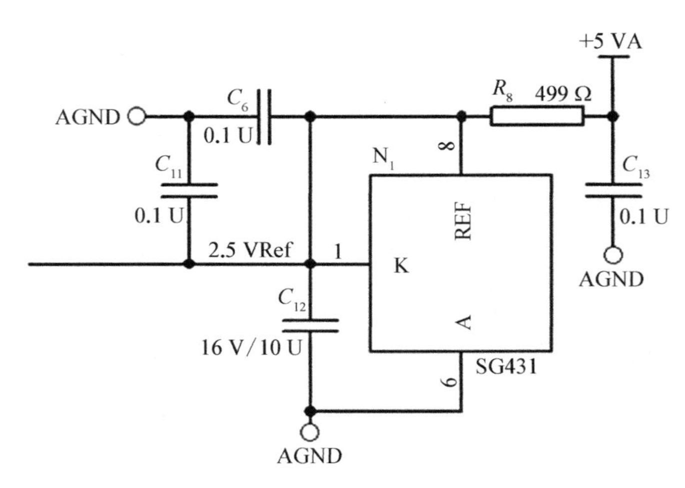

图 6 - 7　基准源电路

按系统角速度传输周期，采用可编程智能器件的硬中断＋定时器软中断的方式实现角速度传输周期，即选用晶振产生的精确定时中断，A/D 转换器每隔一个数据周期发送中断给 DSP 芯片，DSP 芯片立即启动定时器，并完成角

速度全量的采集，当采样周期定时完成，在定时器中断后再次完成角速度全量的采集，实现一个周期采集2次角速度数据。使用Σ-Δ型A/D转换器采集加速度信号模拟量和1路加速度计模拟信号参考地。A/D转换器功能模块如图6-8所示。

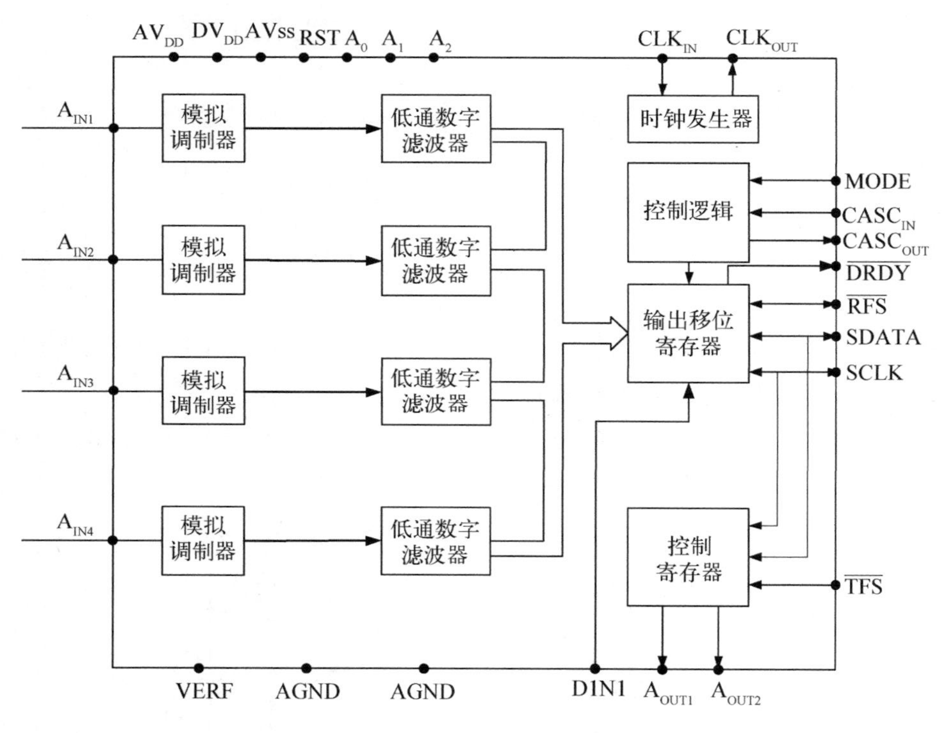

图6-8　AD转换器功能模块

6.4.2　角速度信号采集电路

角速度信号采集电路由四通道异步串行通信控制器、数字隔离器、RS-422收发器组成。角速度数据采集电路原理如图6-9。

三路角速度收发电路采用“隔离＋收发”，陀螺仪输出的RS-422差分信号经接口转换器转换为单端信号，经隔离后，由串行通信控制器接收后存放于相应通道中，再由数字信号处理器读取，进行后续处理。隔离收发电路如图6-10所示。

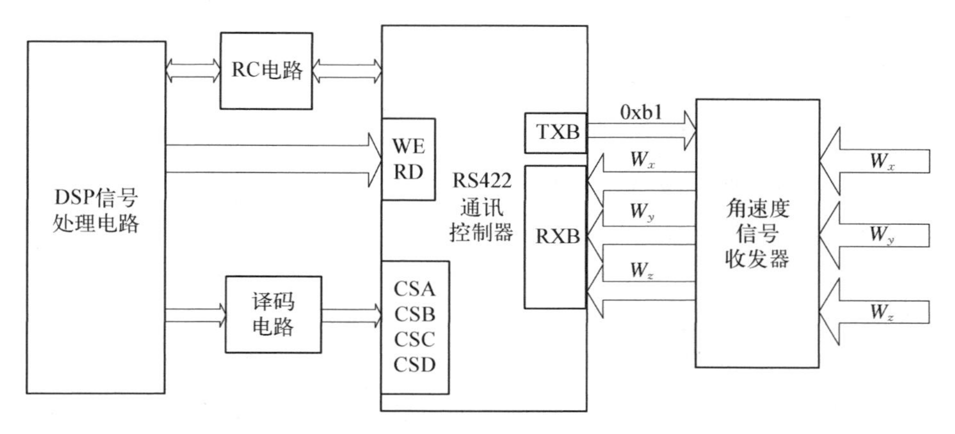

图 6－9　角速度数据采集电路原理

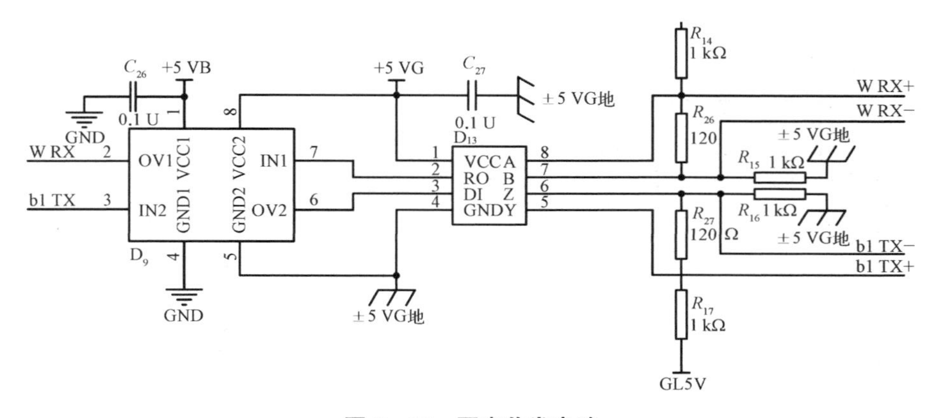

图 6－10　隔离收发电路

数字信号处理器 DSP 芯片每接收到 AD 转换器产生的一次周期中断信号，便立即启动定时器，控制 RS－422 串口通信控制器，通过一路隔离收发电路向陀螺仪发送取数命令，陀螺仪在接收到命令后，便通过 RS－422 串行通信口将其测得的惯组速度信息和系统温度信息送入 RS－422 串口通信控制器相应通道缓存。DSP 芯片从 RS－422 串口通信控制器相应通道缓存中读取陀螺仪的数据，经过滤波、补偿、计算后发出信息。当到达定时周期，DSP 芯片再控制 RS－422 串口通信控制器向陀螺仪发送取数命令，陀螺仪在接收到命令后将其测得的角速度信息和温度信息输至 RS－422 串口通信控制器相应通道缓存，DSP 芯片从 RS－422 串口通信控制器相应通道缓存中读取陀螺仪的数据，经过滤波、补偿、计算后发送。

6.4.3 信号处理电路

DSP 芯片处理和控制电路主要完成对 A/D 转换器的初始化和复位控制，从串并转换及存储电路的缓存中读取 A/D 转换数据，重新进行数据复位；完成对串口通信控制器的复位控制和初始化，提供数据读写信号，实现对串口通信控制器的读写操作；按系统要求对取得的角速度数据做相应补偿计算并进行数据组帧，然后通过串口通信控制器以固定周期发送；对取得的加速度数据做相应补偿计算并进行数据组帧，然后通过串口通信控制器以固定周期发送。

电源管理芯片为 DSP 芯片提供负脉冲复位信号 DSP_$\overline{\text{RST}}$，DSP 芯片为串口通信控制器提供正脉冲复位信号 854_$\overline{\text{RST}}$。电源管理芯片 DSP 芯片复位电路如图 6-11 所示，DSP 芯片复位串口通信控制器电路如图 6-12 所示。

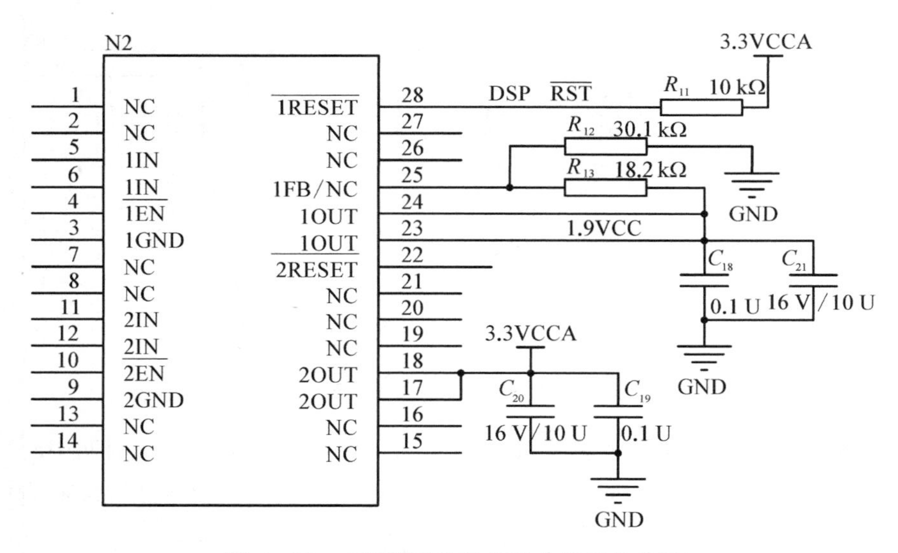

图 6-11 电源管理芯片 DSP 芯片复位电路

按相关电源管理芯片显示，电源管理芯片可调输出部分包括误差放大器、电压比较器、基准电压、取样电阻网络、延迟电路等。当输入端有电压 V_1 输入后，输出端 OUT 就有电压 V_0 输出，通过采样电阻对输出电压进行采样，用以与基准电压进行比较，当输出电压 V_0 低于复位下限电压 $V_{IT}-$时，复位端 $\overline{\text{RESET}}$立即输出低电平，但即使输出电压 V_0 很快恢复到高于 $V_{IT}+$时，由于延迟电路的存在，低电平将延迟，因此，复位端RESET的低电平输出周期满足DSP芯片复位时间要求。

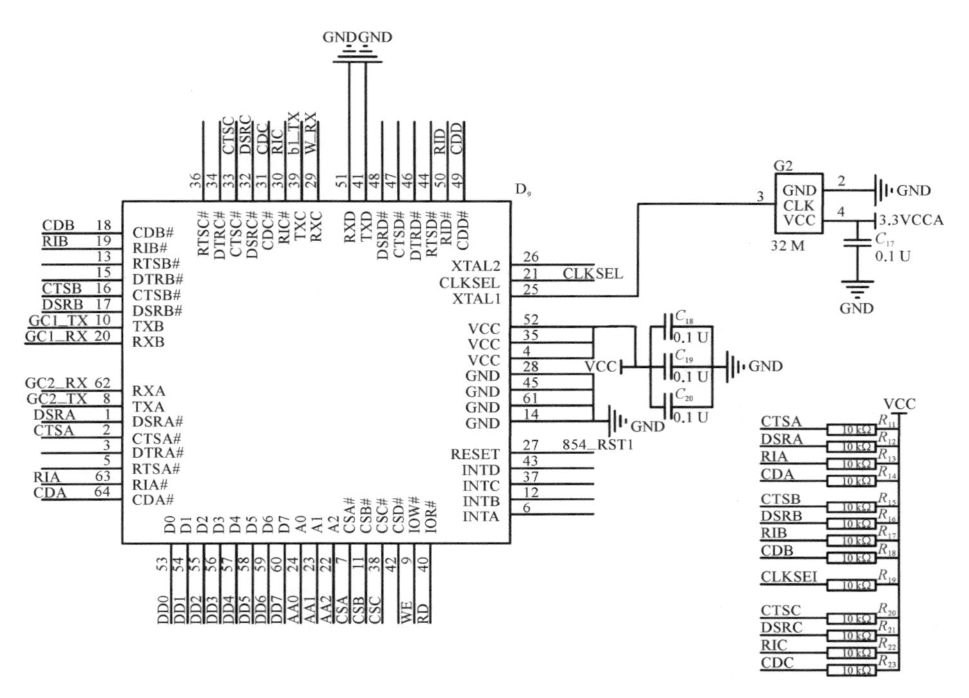

图 6－12　DSP 芯片复位串口通信控制器电路

DSP芯片通过软件控制GPIO电平可以实现854所需的280 ns复位稳定时间。

译码电路主要完成地址译码和逻辑控制功能，由译码器实现，通过特定的输入信号，经内部译码逻辑输出相应的控制信号。信息处理电路主要控制信号如下：存放 A/D 转换器转换结果的缓存控制信号 $\overline{\text{FIFO}}$_RD、$\overline{\text{FIFO}}$_WE，RS－422 串口通信控制器各通道选通信号 CSA、CSB、CSC 等。译码电路如图 6－13 所示。

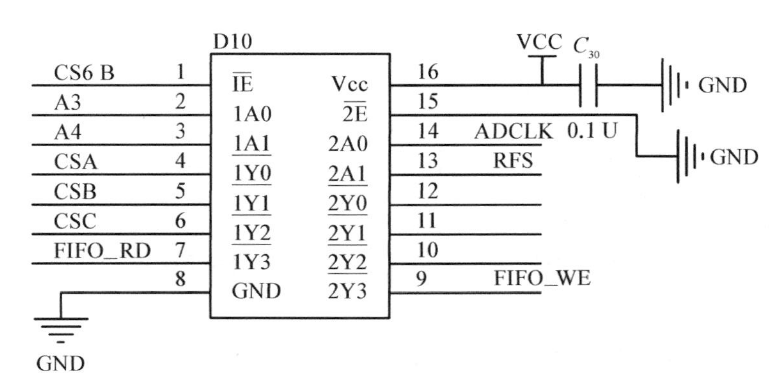

图 6－13　译码电路

6.4.4 通信接口电路

通信接口电路通常采用具有差分方式传输、传输距离长，通信可靠、传输速度高的 RS－422 串行通信控制器及相应的发送和接收电路方式实现。串行通信控制器每个通道均有缓存，发送和接收可自动完成，不需 DSP 芯片额外干预，接口电路工作通信输入输出均经隔离，通信接口电路与工作管理模块数据交互的中断信号由 DSP 芯片输出后经过隔离以及驱动后，以差分方式与工作管理模块互联。主要考虑系统误差补偿系数上传，接收电路直接采用光耦接经整形后进入串行通信控制器。通信接口电路原理如图 6－14 所示。

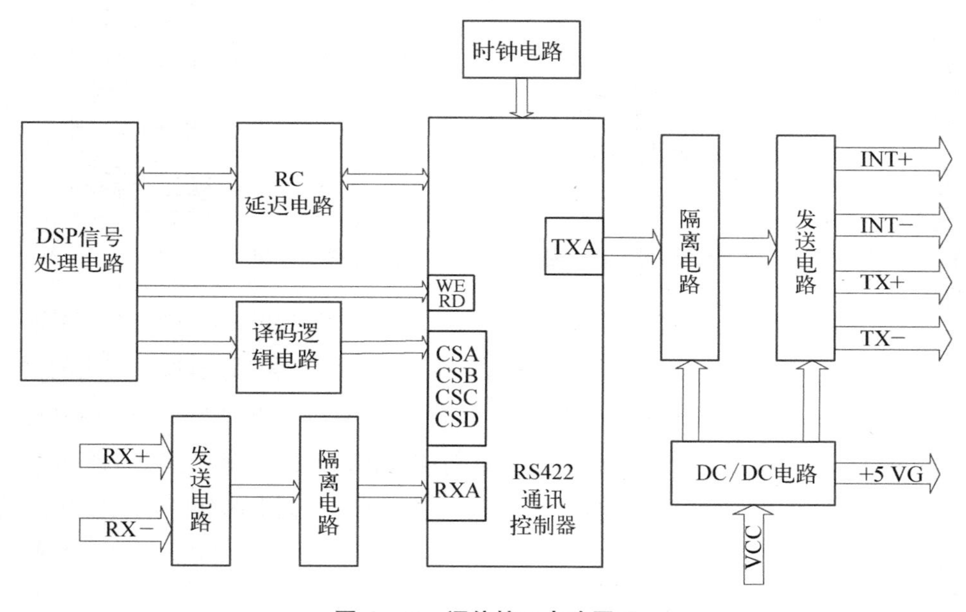

图 6－14　通信接口电路原理

DSP 芯片的地址线、区域片选 CS6_B 信号经过可编程逻辑电路译码后分别实现对串口通信控制器的 CSA、CSB、CSC 通道选通信号的实时控制。串口通信控制器自动从数据总线上接收 DSP 芯片传输的数据，并能自动完成数据的发送。

时钟电路主要用于产生通信控制器各通道所需的波特率。通信控制器原理如图 6－15 所示，RS422 收发原理如图 6－16 所示。

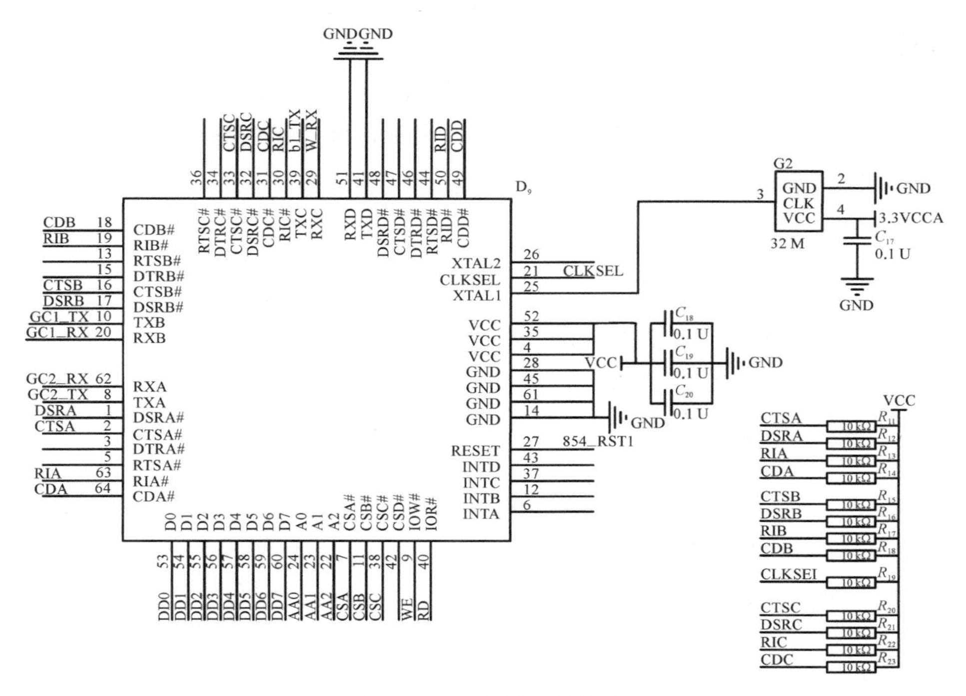

图 6－15　通信控制器原理

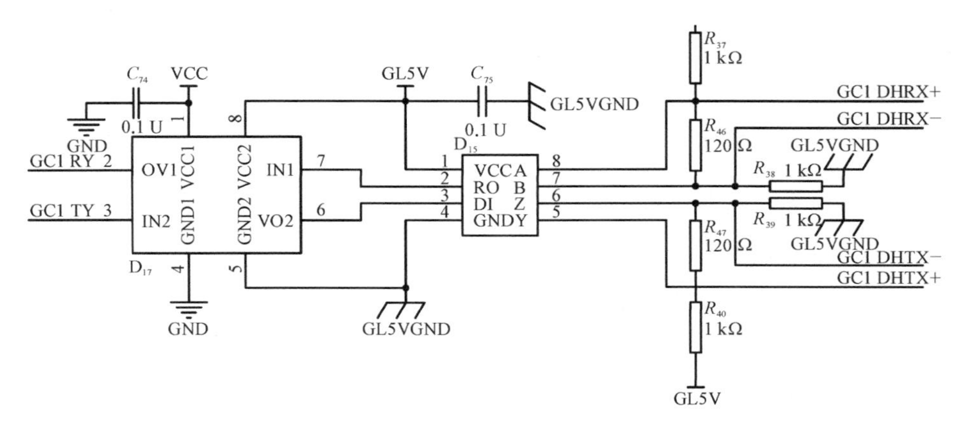

图 6－16　RS422 收发原理

6.5　航向姿态信号处理误差模型与补偿

航向姿态测量误差主要包含系统惯性传感器安装误差，加速度通道、角速度通道测量误差,温度误差等。

在航向姿态测量系统中,采用高精度的光纤陀螺仪及高精度加速度计 IF 输出,其加速度通道、角速度通道误差主要由加速度通道的增量系数、加速度通道的全量系数、角速度通道的增量系数、角速度通道的全量系数组成,分别构建如下误差模型。

1. 姿态测量角速度通道增量数学模型

$$N_{i\omega}(x)=K_{\omega}(x)[D_{\mathrm{F}}(x)+E_{xx}\cdot\omega_x+E_{yx}\cdot\omega_y+E_{zx}\cdot\omega_z]$$
$$N_{i\omega}(y)=K_{\omega}(y)[D_{\mathrm{F}}(y)+E_{xx}\cdot\omega_x+E_{yx}\cdot\omega_y+E_{zx}\cdot\omega_z]$$
$$N_{i\omega}(z)=K_{\omega}(z)[D_{\mathrm{F}}(z)+E_{xx}\cdot\omega_x+E_{yx}\cdot\omega_y+E_{zx}\cdot\omega_z]$$
(6-21)

式中,$K_{\omega}(x)$、$K_{\omega}(y)$、$K_{\omega}(z)$分别表示 x、y、z 轴陀螺仪的标度因数;$N_{i\omega}(x)$、$N_{i\omega}(y)$、$N_{i\omega}(z)$分别表示 x、y、z 轴陀螺仪的输出;$D_{\mathrm{F}}(x)$、$D_{\mathrm{F}}(y)$、$D_{\mathrm{F}}(z)$分别表示 x、y、z 轴陀螺仪的零偏;ω_x、ω_y、ω_z分别表示 x、y、z 轴陀螺仪的角速度;E_{ij}表示为 i 轴陀螺仪对 j 轴陀螺仪的安装误差($i=x, y, z$; $j=x, y, z$)。

由式(6-21)可知,角速度全量的误差系数包括 3 个标度因数、3 个零偏、9 个安装误差。

2. 姿态测量角速度增量通道数学模型

$$N_{i\omega}(x)=T\times K_{\omega}(x)\times[D_{\mathrm{F}}(x)+E_{xx}\cdot\omega_x+E_{yx}\cdot\omega_y+E_{zx}\cdot\omega_z]$$
$$N_{i\omega}(y)=T\times K_{\omega}(y)\times[D_{\mathrm{F}}(y)+E_{xy}\cdot\omega_x+E_{yy}\cdot\omega_y+E_{zy}\cdot\omega_z]$$
$$N_{i\omega}(z)=T\times K_{\omega}(z)\times[D_{\mathrm{F}}(z)+E_{xz}\cdot\omega_x+E_{yz}\cdot\omega_y+E_{zz}\cdot\omega_z]$$
(6-22)

式中,$K_{\omega}(x)$、$K_{\omega}(y)$、$K_{\omega}(z)$分别表示 x、y、z 轴陀螺仪的标度因数;$N_{i\omega}(x)$、$N_{i\omega}(y)$、$N_{i\omega}(z)$分别表示 x、y、z 轴陀螺仪的原始输出脉冲;$D_{\mathrm{F}}(x)$、$D_{\mathrm{F}}(y)$、$D_{\mathrm{F}}(z)$分别表示 x、y、z 轴陀螺仪的零偏;ω_x、ω_y、ω_z分别表示为 x、y、z 轴陀螺仪的角速度;E_{ij}表示为 i 轴陀螺仪对 j 轴陀螺仪的安装误差($i=x, y, z$; $j=x, y, z$);T 表示为采集时间。

由式(6-22)可知,角度增量的误差系数包括 3 个标度因数、3 个零偏、

9 个安装误差。

3. 姿态测量加速度全量数学模型

$$
\begin{aligned}
N_{Ax} &= K_a(x) \times [K_0(x) + K_x(x) \cdot a_x + K_y(x) \cdot a_y + K_z(x) \cdot a_z] \\
N_{Ay} &= K_a(y) \times [K_0(y) + K_x(y) \cdot a_x + K_y(y) \cdot a_y + K_z(y) \cdot a_z] \\
N_{Az} &= K_a(z) \times [K_0(z) + K_x(z) \cdot a_x + K_y(z) \cdot a_y + K_z(z) \cdot a_z]
\end{aligned} \tag{6-23}
$$

式中，$K_a(x)$、$K_a(y)$、$K_a(z)$分别表示 x、y、z 轴加速度计的标度因数；N_{Ax}、N_{Ay}、N_{Az}分别表示x、y、z 轴加速度计的输出；$K_i(j)$表示为 i 轴对 j 轴加速度计的安装误差（$i=x, y, z$；$j=x, y, z$）；a_x、a_y、a_z 分别表示x、y、z 轴加速度计的加速度，$K_0(x)$、$K_0(y)$、$K_0(z)$分别表示 x、y、z 轴加速度计的零偏。

由式(6－23)可知，加速度全量的误差系数包括 3 个标度因数、3 个零偏、9 个安装误差。

4. 姿态测量速度增量数学模型

$$
\begin{aligned}
N_{Ax} &= T \times K_a(x) \times [K_0(x) + K_x(x) \cdot a_x + K_y(x) \cdot a_y + K_z(x) \cdot a_z] \\
N_{Ay} &= T \times K_a(y) \times [K_0(y) + K_x(y) \cdot a_x + K_y(y) \cdot a_y + K_z(y) \cdot a_z] \\
N_{Az} &= T \times K_a(z) \times [K_0(z) + K_x(z) \cdot a_x + K_y(z) \cdot a_y + K_z(z) \cdot a_z]
\end{aligned} \tag{6-24}
$$

式中，$K_a(x)$、$K_{a(y)}$、$K_a(z)$分别表示 x、y、z 轴加速度计的标度因数；N_{Ax}、N_{Ay}、N_{Az}分别表示x、y、z 轴加速度计的输出；$K_i(j)$表示为 i 轴对 j 轴加速度计的安装误差（$i=x, y, z$；$j=x, y, z$）；a_x、a_y、a_z 分别表示x、y、z 轴加速度计的输出；$K_0(x)$、$K_0(y)$、$K_0(z)$分别表示 x、y、z 轴 MEMS 加速度计的零偏；T 表示采集时间。

航向姿态测量误差补偿主要按惯性测量误差补偿方法，在高低温速率转台上进行多位置、不同速度标定，通过误差模型计算出各误差系数，在工作软件中调用该温度点下的各误差系数。一般在系统环境温度范围内采用三段多段拟合的方法来进行温度补偿，数学模型如下：

$$
K_i = A \times T^3 + B \times T^2 + C \times T + D \tag{6-25}
$$

式中，K_i为误差系数；T 为标定温度；A、B、C、D 为方程系数。

利用最小二乘法计算得到方程系数 A、B、C、D，将其嵌入测量软件中。在工作中，工作软件根据温度传感器的实时温度输出值计算出所需的误差系数。

为了能精确地补偿温度误差，需要将系统温度范围内的误差系数矩阵标定出来，误差补偿时根据测量到的当前温度值调用对应的误差系数矩阵进行补偿即可。温度补偿以整数温度点为基础，将工作温度区间分为 91 个整数温度点，误差标定时，处理出 91 组误差系数矩阵（分别对应 91 个温度点的增量误差系数矩阵和全量误差系数矩阵）；误差补偿时，根据产品的当前温度选取相应温度点的误差系数矩阵代入公式进行全量误差补偿。增量误差补偿方法相同。

6.6 航向姿态测量系统可靠性分析

可靠性分析是对产品全生命周期的储存、工作环境，开展系统故障模式、影响及危害分析，确定可靠性薄弱环节，提出保证和控制措施，确保产品的可靠性水平，开展产品贮存寿命分析，确定影响贮存寿命的薄弱环节，研究其失效机理或性能退化规律。

在满足系统功能和性能的前提下，开展系统故障模式、影响及危害性可靠性分析，采用标准化、系列化、通用化的线路、结构、元器件、紧固件、连接件、管路、电路、电缆等产品，减少规格、品种及数量。采用冗余设计技术，对重要信号接点、电源接点以及其他关键信号采用双通道制，提高系统的工作可靠性。元器件的质量等级必须和可靠性要求相匹配，通过降低元器件或设备工作时承受的工作应力，以降低元器件或设备的工作失效率、提高产品可靠性，采用Ⅰ级降额等级，不低于Ⅲ级降额等级使用原则，保证达到和保持系统的固有可靠性。

可靠度是用量化的方法评价系统在使用过程中的可靠性参数和指标，规定的发射飞行可靠度规定值，在系统累计通电时间、通电次数和库存条件下，规定贮存期工作可靠度、贮存寿命等。

从航向姿态测量系统组成结构、工作原理，进行可靠性指标的分配和可靠性预计。航向姿态测量系统是一个串联系统，其可靠性如图 6-17 所示。

图 6 - 17　航向姿态测量系统可靠性

由图 6 - 17 可以确定系统可靠性模型。一般系统按可靠性模型分为串联、并联和串并联混合系统，其中，串联系统即任意组件失效都将导致系统任务失败。根据串联系统的特点以及产品属性，分析产品故障分布的类型，指数型可靠性数学模型如下：

$$R_s(t)=\prod_{i=1}^{n}R_i(t)=\prod_{i=1}^{n}\mathrm{e}^{-\lambda_i t}=\mathrm{e}^{-\lambda_s t} \tag{6-26}$$

$$\lambda_s=\sum_{i=1}^{n}\lambda_i \tag{6-27}$$

式中，$R_s(t)$为可靠性；$R_i(t)$为第 i 个组件的可靠性；n 为组件的数目；λ_s为故障率，单位为 1/h；λ_i 为组件故障率，单位为 1/h；t 为任务时间。

根据各组成单元的复杂程度、重要度、技术成熟度、工作环境严酷度等进行评分分配可靠性，评分取值范围为 1～10 分，按复杂度越高取值越高、重要度越高取值越高、技术成熟水平越高取值越低、环境严酷度越高取值越高的原则，对系统 IMU、信息处理模块、滤波、电源组件等各组成单元进行评分。按系统总的可靠度规定值，留有一定的分配余量后，确定可靠性分配值 R_S，将其分配到系统的各个组件。参数计算如下。

第 i 个组件的总评分值为

$$W_i=\prod_{i=1}^{2}r_{ij} \tag{6-28}$$

式中，r_{ij}为第 i 个组件第 j 个因素的评分数值。其中，$j=1$ 代表复杂度，$j=2$ 代表重要度，$j=3$ 代表技术成熟水平，$j=4$ 代表环境严酷度。

系统总评分数值 W 为

$$W=\sum_{i=1}^{2}W_i \tag{6-29}$$

第 i 个组件的加权系数 c_i 为

$$c_i=\frac{W_I}{W} \tag{6-30}$$

分配给第 i 个组件的可靠性指标 R_i 为

$$R_i \approx 1-(1-R_s)\times c_i \tag{6-31}$$

式中，R_s 为失效率。

一般系统可靠性指标分配结果应大于规定值，然后各部分按对其分配的可靠性指标，用应力分析法进行可靠性预计。使用电子元器件的可靠性数据计算出电子元器件的基本工作失效率，进而预计各组成单元的工作失效率，最后综合得出产品的可靠性。在各组件的可靠性预计时，取产品工作环境温度，从而根据不同的工作任务，获得系统的可靠度。

在系统故障模式影响及危害性分析中的结构强度方面，通过温度应力、力学环境应力等静力学分析，对机械结构强度进行校核，使结构允许承受的许用应力要大于其实际工作时工作应力。电子元器件的降额是使电子元器件在低于额定应力的条件下工作，降低元器件失效率。绝大多数元器件的故障模式取决于其电应力和温度应力，主要从降低元器件承受的电应力和温度应力等方面考虑。另外，集成电路需要对电压、电流和温度进行降额，电阻器需要对其功率进行降额，电容器需要对其外加电压进行降额使用，磁珠和电感需要对其电流进行降额，接插件需要对其电流进行降额等。通过对软件进行冗余、接口、软件健壮性、简化、雨量、防错程序设计等，开展第三方测评，完善软件漏洞，提高软件的工作可靠性。主要应综合考虑的故障模式如下。

（1）非设计原理性造成故障模式有产品所用元器件本身的工作点漂移所引起的输出不稳定、由于元器件自身的原因损坏及各块电路板的性能退化，尽可能减少这类故障出现的控制原则是在费用允许的条件下选择质量等级高、可靠性高的元器件。

（2）加速度计、陀螺仪等是产品主要元件，为保证系统高可靠性，使用前应进行严格的环境应力筛选试验、老练试验，以剔除早期失效、性能不稳定的惯性传感器。

（3）产品是无冗余设计的系统，在进行分析时，均看成串联型系统，因此任何环节出现故障，影响及危害性都较严重。可使用热设计、裕度设计，以确保产品的可靠性。

（4）失效模式在工程实际中具有不定性，它是储存、使用、维护、环境条件以及时间的函数，且与设计、制造、试验等因素密切相关，它常因厂家、批次的不同而各有差异，在产品上所表现的失效模式亦有所变化。因此，在使用过程中，不仅需要注意失效元器件，还需综合考虑元器件使用维护条件，从而提高产品的可靠性。

6.7　航向姿态测量系统热分析

从航向姿态测量系统误差模型看，温度对光纤陀螺、加速度计惯性传感器及系统的精度指标会产生较大的影响。对光纤陀螺仪、电源组件、信息处理电路、电子元器件等进行热分析、热设计，减小产品内部温升，提高温度误差补偿精度，对提高系统测量精度有很重要的意义。

航向姿态测量系统热分析主要分析系统储存、工作的外部环境对系统的热影响，系统内部各主要发热部件、模块及芯片工作时的发热功率，系统热容、热传递方式及热转换效率等方面。通过系统分析，将发热大的电源模块、集成芯片电路等采用各种热传递方式快速散热，降低系统工作温升，降低系统的热敏感度，保证系统在工作启动时间内的温度误差补偿精度。

热仿真是对系统进行热分析的主要手段，对系统三维结构模型用 ANSYS 等软件进行系统严酷温度条件下各组成部分的温升分析。分析过程中，将 DSP 芯片、电源滤波模块、光电模块等部分设置为热转换率高的主要热源，将系统的发热功率按各主要模块的实际工作热转换情况进行热功率分配，分析在工作过程中各主要发热模块的热传递方式，对于金属传导、空气热辐射系数进行热分析建模，按分析结果评价系统工作启动温升和热平稳时间，优化结构热模型，最终保证系统在使用过程中的功能、性能指标。一般对于系统热敏感处理的主要措施如下。

(1) 使用具有较大热传导性能的导热硅橡胶、导热硅脂等高性能、高可靠性的导热辅助材料，填充在主要发热器件与系统金属结构之间，及时将发热器件产生的热量传导至金属结构件上，使大功率器件在工作状态下快速传热，通过金属结构有效释放至系统外部空间，减小因自身温升及温度梯度造成的影响。

(2) 对于发热少的热敏感惯性传感器，采用陶瓷等材料进行隔热处理，减缓系统内部其他大功率器件产生的热传导至惯性传感器。

(3) 优化结构,增大热容大、热传导快的金属结构件体积,提高向外部的热传导速度,降低工作启动时系统的温升速度。

(4) 在进行印制电路板(printed-circuit board, PCB)布局设计时,使 DSP 芯片和 FPGA 等处理芯片远离热源,使芯片产生的热量能够快速与热容大的模块进行热交换。同时在 PCB 边缘进行覆铜,提高 PCB 的散热效率。

6.8 航向姿态测量系统电磁兼容性分析

产生电磁干扰的必要条件主要有干扰源、传输介质和敏感的接收单元。电磁干扰过程如图 6-18 所示。

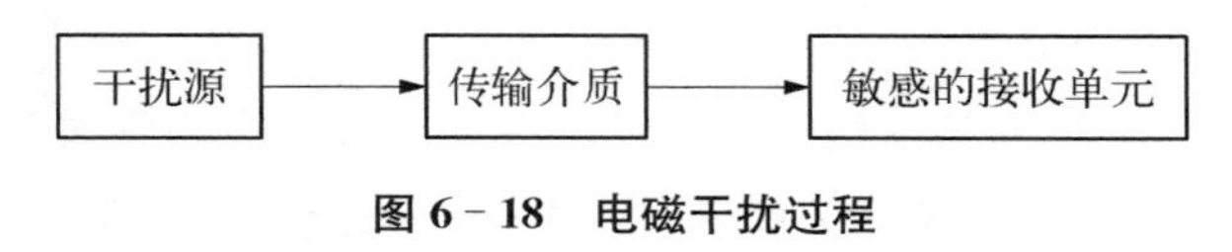

图 6-18 电磁干扰过程

从图 6-18 中可以看出,破坏这三个必要条件中的任何一个,就可以达到抑制电磁干扰的目的。电磁兼容性是指在共同的电磁环境中系统、分系统、设备能协调地完成各自功能的共同状态,是产品能够正常工作的重要保证。通过分析系统电磁兼容性能,开展系统电磁兼容性设计和试验,综合运用屏蔽、接地、搭接、滤波、布线、布局等多种措施,对系统电路、工艺、结构进行优化完善,阻断电磁干扰回路,确保系统规定的电磁兼容性指标。电磁影响主要来源于以下两类。

第一是系统间的电磁兼容性。各系统共处于一定的电磁环境中,完成各自独立的功能,它们既是干扰源又是受干扰设备。产品在空间上与系统其他设备相邻,在电气上有各种接口通过电缆网互连,受到辐射耦合干扰,同时会产生电磁辐射而干扰系统其他设备。另外,整机金属结构处于封闭状态,由于对外电连接器的安装都会在一定程度破坏外壳屏蔽的完整性,使得金属结构屏蔽效能降低。

第二是系统内的电磁兼容性。组成系统的组件、部件之间共同完成同一功能任务而各自的作用不同,影响系统内电磁兼容性的因素有传导耦合和辐射耦合。产品内部包含模拟电路和数字电路,是一个复杂的测量系统。系统内的敏感元件组合、信号处理电路均由一块滤波模块和稳压系统供电,电源的输出中含有高次谐波分量和幅值较高的尖脉冲，很容易在电源上传导过电压或者是过电流的冲击，使其使用寿命缩短甚至损坏。系统内部使用晶体振荡器，其频率范围为几十万赫兹至几兆赫兹，也是干扰源之一。

根据航向姿态处理系统工作的电磁特性、结构特性及电磁环境等因素，预测和分析可能存在的电磁干扰，针对性地选择相应的改善电磁兼容性措施。为了产品具有良好的电磁兼容性，一般采取如下电磁兼容性措施。

1. 合理化结构布局、布线与电源接地

在结构布局设计中，惯性传感器安装在系统中间，信息处理电路、电源组件四周与金属结构外壳接触固连，使干扰信号能够有效地通过外壳传入大地。角速度、加速度惯性测量内部信号地与外供电源地完全隔离，切断电源干扰的传导。外壳与屏蔽层搭接，并与所有其余电路绝缘，减少电源的相互干扰。

合理设计 PCB 的布线，消减线间串扰和级间串扰。信号线（如数据线和地址线）之间应尽量消除和避免平行走线，以消除线间串扰，按敷铜层布线的方法，形成网格状接地层。在两条信号线之间加一条接地线、电源线或无关紧要的线。布线时避免电源线和地线的干扰，以减小电源线或地线电阻，并加粗地线和电源线。

工作接地的方式有一点接地和多点接地两种。一点接地又分为串联一点接地和并联一点接地。串联一点接地会导致各接地点电位不同，而且还受其他电路工作电流变化的影响。若采用并联一点接地，各电路的电位仅与本电路的接地电流和接地电阻有关，这有利于避免地电源耦合，减少干扰。因此，在低频情况下，一般采用并联一点接地。

在 PCB 设计时，使同一功能的元器件集中于一点（或一个地块）接地，形成独立回路。这样可使电流不流到其他功能单元回路，避免造成对其他单元的干扰。与此同时，还应采用分区集中并联一点接地法，即连接各功能单元的独立接地与主机的电源地。同一功能的元器件的接地均焊接在自己就近的接地区域内。这种接法克服了并联接地方式布线的缺点，而对于每个功能单元内部来说，它又是多点接地方式。所以分区集中并联一点接地方式是并联一点接地与多点接地的结合。为提高抑制噪声的效果，要保证各功能单元元器件接地不渗透到其他接地块去，只在本接地块内，而且去耦电容的接地应接到各单元电路最末级接地点。电路设计时应注意将模拟地与数字地分开、交流地与直流地分开，避免由于接地电阻把交流电力线引进的干扰传输到装置的内部，保证装置内部器件的安全和电路工作的稳定性、可靠性。PCB 的地线布局关系到单板的抗干扰性能，而单板的抗干扰性能又是整个装置抗干扰性能的基础，应充分利用地线的屏蔽作用，保证单板的抗干扰性能。边缘采用全部较粗的印制线作为地线干线，并同时在板中的所有空隙处均填以地线，这样既可以减小线地阻抗，又可防止外部干扰的窜入或向外施加干扰。

在 PCB 设计中，时钟电路是 PCB 的最大干扰源。时钟电路一般邻接地层，并位于接地板的中心位置，所有时钟及高频信号应尽可能布置在同一布线层，时钟引线紧靠其接地回路敷设，减小接地环路面积，并尽量远离其他布线，缩短与信号线、数据总线并行长度。驱动器紧靠总线布置，减小环路面积，使引线最短，远离其他电路和信号线。振荡器或晶体应直接连接到 PCB，不要采用插座连接。PCB 是易产生和耦合电磁干扰的薄弱环节，也是影响电磁兼容性的关键部位，为了减小印制板层间干扰和各层内干扰，一般采取如下措施。

（1）将数字电路和模拟电路分开布置，时钟电路远离其他敏感度电路，器件按功能分区布置在电路板上，以减小布线长度。

（2）选择可靠接地的连接器，减小相邻信号间的干扰。

（3）布线设计时，信号间距尽可能大，以减小容性串扰。

（4）电源信号走线遵从 $20H$ 规则，提高印刷线路板（printed circuit board，PCB）的电源层与地层间的电容的自谐振频率，避免电源平面层向自由空间辐射能量。同时加大电源信号与其他信号的电气间距，减少串扰。

（5）PCB 的层数选择基于电源、地的种类、信号密度、差分信号数量、差分信号性能要求与成本承受能力。对于 EMC 指标较高的信号部分（主要是高速信号），应适当增加地平面保证回路。差分线四周包地控制串扰如图 6－19 所示。

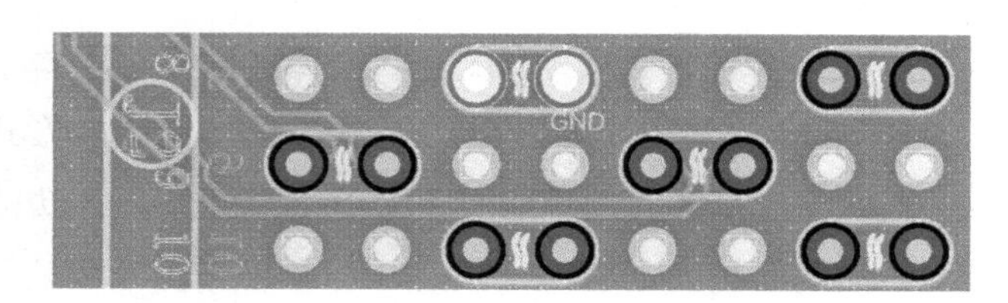

图 6－19　差分线四周包地控制串扰示意

PCB 板表面四周覆铜处理，设置法拉第栅栏（过孔的距离＜λ/20，λ 为传输信号的波长）抑制电磁干扰，减少板对外辐射，增强抗干扰能力，起到很好的屏蔽效果。背板周边处理如图 6－20 所示。

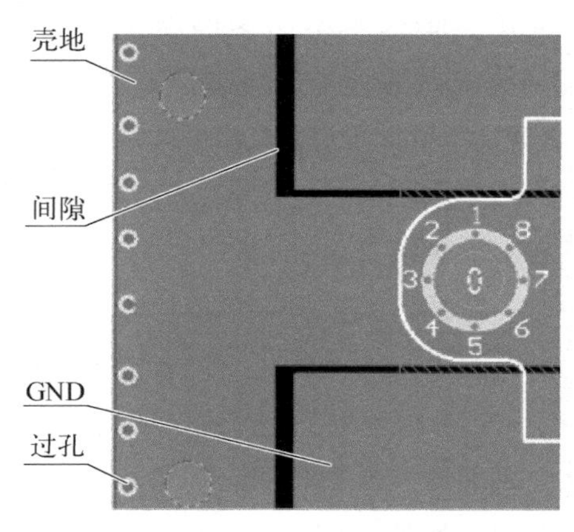

图 6－20　背板周边处理示意

PCB 背板的大面积覆铜接地，保证了所有信号有对应的最近回路。另外，角速度、加速度测量的模拟电路、数字电路、二次电源均实现了远端共地，使惯性传感器能够在干净的电源下工作。同时，限制信号电流幅度，减小电路辐射干扰。

2. 电源隔离

航向姿态测量系统用 DC/DC 或 DC/AC 开关式电源模块可将外供直流电源变换为惯性传感器、信息处理电路的电源，实现产品二次电源与外部一次供电电源的隔离。采用隔离电源是传导辐射发射和传导敏感度各项电磁兼容性达到要求的基本措施。

在整个系统布局中，为有效隔断干扰的传输介质与转换的中间环节，应该遵循隔离或远离的原则：模拟与数字隔离、高频与低频隔离、输入与输出隔离、强电与弱电隔离、交流与直流隔离、不同电流等级信号隔离、不同等级电压信号隔离等。除惯性传感器和信息处理电路之间的 RS－422 通信需要布线，其余均通过 PCB 进行走线，因此走线时需要对 TX＋、TX－、RX＋和 RX－数字信号进行双绞，控制信号接口干扰，串口控制器采用带隔离电源的接口芯片，实现内部与外部的信号隔离。

3. 滤波措施

滤波技术是抑制电气、电子设备传导电磁干扰，从而提高电气、电子设备传导抗干扰水平的主要手段，也是保证航向姿态测量系统整体或局部屏蔽效能的重要辅助措施。实践表明，即使采用正确的屏蔽和接地措施，也仍然会有传导骚扰发射或传导骚扰进入。滤波是压缩信号回路骚扰频谱的一种方法，当骚扰频谱呈不同于有用信号的频带时，可以用滤波器将无用的骚扰滤除。滤波器的作用就是允许工作信号通过，衰减非工作信号（电磁干扰），降低产生干扰的可能性。电磁干扰滤波器属于低通滤波器，为了满足 EMC 标准规定的传导发射和传导敏感度极限制使的要求，使用电磁干扰(electromagnetic interference, EMI)滤波器是一种好方法。滤波的目的是将这些干扰减小到一定的程度，使传出设备的干扰值不超出给定的规范，使传入设备的干扰不至于引起设备的性能降低或失灵。但是，再好的滤波技术都不可能完全消除沿导线传出或传进的干扰信号。

惯性传感器、信息处理电路的供电电源前端均采用去耦滤波方式对各二次电源进行滤波处理，使各类瞬变干扰在进入信息处理电路前被吸收掉。

(1) PCB 板级滤波。在电源输入端用钽电容和云母电容器，对 PCB 实现去耦滤波。常采用将云母电容设计在数字电路器件和运放电源管脚上的方法去耦。另外，PCB 上对电磁干扰最为敏感的部分是 I/O 接口电路，而 I/O 接口电路也是电磁辐射源之一，因此 I/O 接口电路应采用具有滤波功能的数据线。在 I/O 接口电路数据线、电源输出线路均采用电容去耦合，确保瞬变干扰在进入信息处理电路和惯性量单元的入口时被吸收掉。在选择互补金属氧化物半导体(complementary metal oxide semiconductor, CMOS)模拟和逻辑有源器件时，元器件固有电磁敏感度特性和电磁抗干扰发射特性也能够有效提高电路的电磁兼容性能。

(2) 输出信号滤波。在保证相频特性的基础上，对固定频率的干扰信号采用带阻陷波器可以达到较好的滤波效果。

(3) 电源模块滤波。电源模块滤波使用电感和电容组成的低通滤波器，对频率较高的干扰信号能产生较大的衰减。开关式电源模块对电源线路的污染相当严重，常用直流电源滤波器作为电源模块的并端输入滤波器。工作电压为 27V、电流为 2A 的典型电源模块滤波器衰减特性如表 6-3 所示。

表 6-3　电源模块滤波器衰减特性

衰减特性参数	电磁波频率/MHz								
	0.01	0.05	0.10	0.15	0.5	1	5	10	30
差模插入损耗/dB	29	71	78	78	78	80	82	78	78
共模插入损耗/dB	13	23	27	30	47	52	68	78	65

电源滤波器的电路如图 6－21 所示。

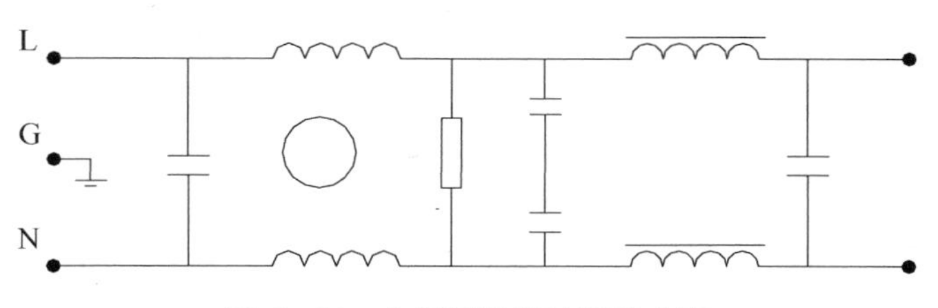

图 6－21　电源模块滤波器的电路

（4）电源滤波。考虑到航向姿态测量系统的结构特点、布局和电磁干扰环境，由于电源模块滤波器距电源输入端有一定的距离，可在外部供电电源入口处设置电源滤波，使瞬变干扰在入口处被吸收掉，从而对输入电源进行滤波。工作电压 50 V、电流 10 A 的电源滤波器衰减特性如表 6－4 所示。

表 6－4　电源滤波器衰减特性

衰减特性参数	电磁波频率/MHz								
	0.01	0.05	0.10	0.15	0.50	1.0	5.0	10	30
插入损耗/dB	6	18	22	26	42	45	50	48	42

电源滤波器的电路如图 6－22 所示。

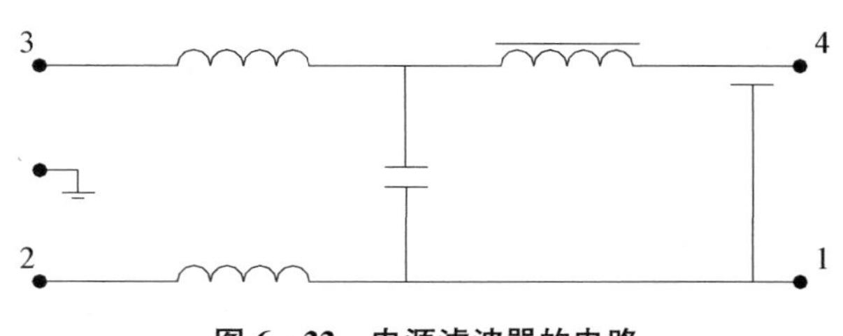

图 6－22　电源滤波器的电路

为了取得较好的滤波效果，电源滤波器应与供电电源保持一定的安装距离，并与金属结构连接。

从表 6－4 可以看出该滤波器的低频衰减特性，在 0.01 MHz 时仅有 6 dB 的衰减，此时常用外接钽电容改善滤波特性。电源滤波电路如图 6－23 所示。

（5）瞬态抑制。电磁干扰滤波器对瞬变干扰的抑制能力有限，目前常采

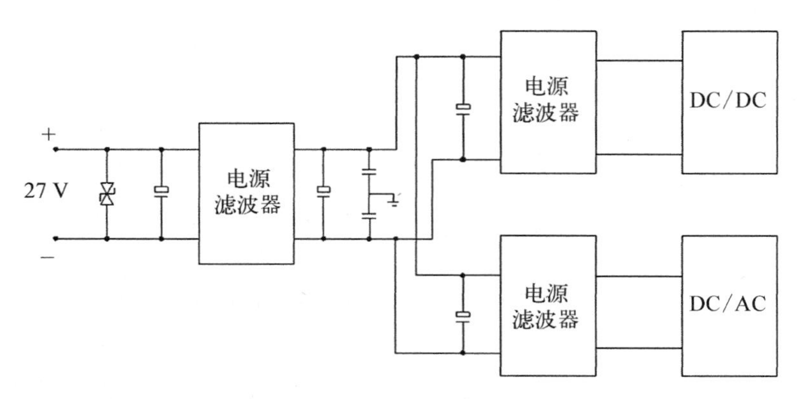

图 6 - 23　电源滤波电路

用瞬变干扰吸收器，增强对瞬变干扰抑制。硅瞬变电压吸收二极管（transient voltage suppressor，TVS）是十分有效的瞬变干扰抑制器件，可将瞬态电压抑制二极管设置在外供电源前端，当 TVS 两极受到反向瞬态高能量冲击时，它能以极快的速度将两极间的高阻抗变为低阻抗，吸收高达数千瓦的浪涌功率，在极短的时间内（1 ps）使两极间的电压箝位于一个预定值，有效地保护电子电路中的元器件免受浪涌脉冲的损坏。

4. 屏蔽

屏蔽的目的有两个：一是限制屏蔽体内部的电磁干扰超出某一区域；二是防止外部的电磁干扰进入屏蔽体内的某一区域。前者为防止辐射发射，后者则是防止电场辐射干扰进入航向姿态测量系统。屏蔽的方法就是采用一个电磁密封的壳体，隔离电磁干扰。

电路结构应尽量不采用高阻抗的金属-氧化物-半导体（metal-oxide-semiconductor，MOS）器件，可采用不易受静电击穿的晶体管晶体管逻辑（transistor-transistor logic，TTL）器件，防止静电电荷对数字电路的危害。另外，采用静电屏蔽结构和接地措施，使静电电荷分布在屏蔽体外侧，把屏蔽体接地就可以将静电电荷导入大地。在结构设计时，金属结构表面采用导电阳极化处理，保证良好的导电性性能。金属结构缝隙均采用导电橡胶等填充，导电橡胶是采用铝镀银导电颗粒填充的橡胶产品，温度范围为－55～125℃，具有优秀的弹性和防潮性、良好的电磁屏蔽及密封作用，接触阻抗低，可提高产品抗电磁干扰能力，减少产品对外的电磁辐射，增强产品的电磁兼容性能。

圆柱形结构铝合金材料的屏蔽效能可以用下式进行估算：

$$SH = A + R + B \tag{6-32}$$

式中，SH 为屏蔽效能，单位为 dB；R 为反射损耗，单位为 dB；B 为多次反射损耗，单位为 dB；A 为电磁波吸收损耗，单位为 dB。

$$A = 0.131t\sqrt{f\mu_\gamma\sigma_\gamma} \tag{6-33}$$

$$R = 168 - 10\lg\frac{f\mu_\gamma}{\sigma_\gamma} \tag{6-34}$$

当 $A > 0$ 时，$B = 0$

当 $A < 0$ 时，

$$B = 20\log_{10}\left|1 - \left(\frac{Z_m - Z_w}{Z_m + Z_w}\right)^2 \cdot 10^{-0.1A}[\cos(0.23A) - j\sin(0.23A)]\right| \tag{6-35}$$

式中，t 为屏蔽体厚度；μ_r为屏蔽材料相对空气的磁导率；σ_r为屏蔽材料相对负的电阻率；r 为干扰源到屏蔽体的距离，单位为 m；f 为频率，单位为 Hz；Z_m 为屏蔽体的波阻抗，单位为 Ω；Z_w 为空气的波阻抗，单位为 Ω。对于铝合金，有 $\sigma_r = 0.61$，$\mu_r = 1$。

若金属外壳结构最小厚度为 1 mm，则屏蔽效能计算结果如表 6-5 所示。

表 6-5　屏蔽效能计算结果

屏蔽效能参数	入射电磁波频率/MHz						
	0.01	0.15	1	3	10	15	100
A/dB	10	40	103	178	325	397	1 030
R/dB	125.8	114.1	105.8	101.1	95.8	94.1	85.8
SH/dB	135.8	154.1	208.8	279.1	420.8	491.1	1 115.8

6.9　航向姿态测量环境试验

航向姿态测量系统在使用过程中，随储存、工作环境的不同，对系统可靠性、维修性、电磁兼容性、安全性、测试性、保障性和环境适应性等要求也不同。在工程应用中,需对航向姿态测量系统进行气候、力学、电磁兼容性等环境试验,对系统功能、性能进行验证,确保系统工作可靠。

环境试验检验在包含高温、低温、湿热、低气压、盐雾、霉菌、高海拔等气候环境下系统的储存寿命和储存可靠性。转运过程中的运输振动,工作时的振动、冲击等力学环境也会对产品产生影响。

航向姿态测量系统各功能模块相互独立,系统集成度高,采用专用滤波器和抗干扰电源以提升电磁兼容性能,使其内部与外部电磁干扰隔离,增强产品的抗电磁干扰能力,提高了系统的工作可靠性。采用信息处理芯片与通信等接口集成,简化信息处理及通信接口电路,元器件数量及种类都有较大减少,同时通过破坏性物理分析(destructive physical analysis, DPA)试验及物理特征分析(physical feature analysis, PFA)试验,降低元器件失效率和处理电路发生故障概率,可靠性有较大提高。作为机电产品的陀螺仪、加速度计,通常需要按系统工作环境进行气候、力学等环境筛选试验考核,保证陀螺仪、加速度计在系统储存、工作过程中的可靠性。

在气候环境中试验中,高温、低温环境试验主要针对产品在环境温度变化条件下,各机电产品、模块、元器件、电缆、焊料等部分的耐温可靠性。综合各种工况,一般工作温度范围为−40～60℃,贮存温度范围为−50～70℃,按寿命选取其通电工作时间,按定时截尾方案进行可靠性试验。

湿热试验主要在高温40℃、高湿85%的环境条件下,检测系统各模块、焊接、电缆连接部分的绝缘性能;低气压试验主要检测产品在受到外部压力条件下,各胶接密封、结构耐压变形情况等;霉菌及盐雾试验主要是对产品胶、橡胶、层压板、PCB等非金属在霉菌环境下的各种霉菌的生存情况和在盐雾条件下,各种金属材料的抗腐蚀性能,通过对金属零件进行表面处理,元器件、PCB采用“三防”等工艺,可以提高材料的抗氧化、抑制霉菌生长的性能。

在力学环境试验中,主要检测力学环境影对结构的影响和在整个频段内产品固有频率的放大倍数对系统产生的影响,通常需要进行模态分析,将系统的固有频率远离系统一阶、二阶频率。在整个振动频段内,对系统各轴向振动的静力学应力进行分析,优化薄弱环节,提高安全系数,保证系统在力学环境中的工作可靠。试验中,通过扫频振动、模态试验,得出系统的固有频率及应力响应，尤其是对于陀螺仪、加速度计安装部位的响应。若振动幅值放大对陀螺仪、加速度计精度影响较大时，需要采取局部或整体减震措施，保证惯性传感器的测量精度。

环境试验是对航向姿态测量系统工作可靠性的重要检验手段，也是进行全生命周期工作可靠性的评估，只有通过不同环境考核，才能达到系统预期的工作可靠度及寿命。

第 7 章

基于 MEMS 惯性传感器的姿态测量技术

本章介绍了 MEMS 惯性传感器在惯性姿态测量中的应用，通过 MEMS 惯性传感器的误差分析和对惯性系统姿态测量误差的影响分析，建立温度、磁场等敏感因子，分析基于 MEMS 惯性传感器的航向、偏转、俯仰倾角等姿态算法，对信号输出的误差分析动态补偿。同时，介绍了信号处理方法与系统软件。

7.1 概述

角度测量是一种几何量测量技术，最初的测量方式主要为机械式测量，随着技术的不断发展，后来出现了电磁式、光学式和物理传感器等多种测量方式。其中，光学式角度测量仪主要利用光电编码器、激光干涉、光栅干涉来实现测量，其优点是精度较高、体积大，缺点是价格昂贵、操作性较差；物理传感器测量角度则是通过感知物体受到的加速度、角速度的方法实现对角度测量，这种方式往往依赖于传感器的测量精度、解算算法和误差补偿修正技术。目前，最常用的分析方法为动态解算法，即以目标观测时间为初级分割点、卫星幅宽为分割单元速度、卫星轨道方向为分割方向，从西向东分割区域目标，实时计算卫星的各方面数据，如卫星姿态摆角、卫星幅宽、分辨率、调整时间、成像条带持续时间等。也可通过静态解算法优化平行条带目标，即以动态幅宽为主体，优化平台条带分割的区域目标。

捷联式航向姿态测量系统的基本原理是利用惯性导航的工作原理，以惯性传感器(陀螺仪及加速度计)对载体进行测量,并得出相对惯性空间的运动信息。利用加速度计对载体进行加速度的测量,利用陀螺仪对载体进行角速度的测量,在给定载体运动初始条件下,经过变换、分析及补偿,并运用姿态解算等算法,输出载体的加速度、角速度和姿态角等参数。捷联式航向姿态测量系统具备如下的特点:

(1) 惯性传感器组装、维护和替换便捷。

(2) 惯性传感器能够测量出载体所在的坐标系轴向上的角速度和加速度,进而方便稳定地对系统进行控制。

(3) 方便重复布置惯性传感器,进而降低在惯性测量器件级别上进行冗余设计的难度,可提高系统可靠性和性能。

(4) 因为没有机电组合的平台设置,使得系统能够做到轻且小,十分便于维护,且能够除去在稳定过程中稳定平台所带来的部分误差。

由于捷联式航向姿态测量系统将惯性传感器直接固接在载体上,使得惯性传感器的工作条件更加恶劣,因为受到了载体运动、冲击和温度变化等工作环境的影响,所测量到的加速度和角速度都将产生比较严重的系统误差。因此,为了提高惯性传感器的精度及性能,应对惯性传感器进行误差分析及补偿。采用以挠性摆式加速度计与动力调谐速率陀螺仪作为核心的测量器件航向姿态测量系统,可通过 PC－9 教练机进一步实现姿态的解算,最终输出载体的姿态信息,该系统在宇宙飞船、轮船、导弹等领域具有广泛的应用前景和实际价值,可与全球卫星定位系统共同构成组合的捷联式惯性系统,具有成本低、体积小等优点。德国的 LCR－88 捷联式航向姿态基准系统已被捷克沃多乔迪(Aero Vodochody)航空公司选用为 L－59 先进轻型攻击教练机的标准航向姿态系统,而瑞士皮拉蒂斯(Pilatus)公司也将其选用为 PC－9 中高级教练机的标准航向姿态测量系统。为了直升机与飞机所需要的高精度导航系统,法国测试仪器制造公司研发出了 SHARP 捷联航向姿态基准系统,其由静态磁强计及陀螺平台共同组成,能够给出较多基本的压力和高度、指示空速和自动稳定输出等参数,系统还能够和多普勒雷达、全球卫星定位系统和大气数据装置等其他相关的传感器相互连接,德国空军的"阿尔发"训练机正在使用该系统进行重组。

随着 MEMS 技术的迅猛发展,以 MEMS 传感器为代表的新型器件以其卓越的性能优势迅速替代传统的传感器，其中应用前景最为广泛的当属 MEMS 加速度计和 MEMS 陀螺仪。在惯性导航系统之中，可通过 MEMS 加速度计、MEMS 陀螺仪测量载体在惯性系下的加速度和角速度信息，将得到的实时数据对时间进行积分，再通过坐标变换至导航坐标系中，从而得到被测载体的速度、位置和姿态角等信息。基于 MEMS 无人机机载系统姿态测量系统具有功耗低、成本低、体积小、重量轻、可靠性高、响应快等优点，从而在很大程度上促进了航向姿态测试系统的发展及应用。随着 MEMS 惯性传感器在灵敏度、线性度、可靠性和精度上的提高，同时实现了更小的体积、功耗和更低的价格，达到了无人机飞行器的小型化、智能化及低成本目标。

随着机载系统在无人机、舰船等各种运动载体上的使用，对微型化、功能目标单一、成本低的无人机飞行器姿态惯性测量的需求越来越多，在无人机飞行器姿态惯性测量技术中，MEMS 微惯性传感器以其低成本、微型化、大批量及后续使用简单等诸多优点，在无人机飞行器姿态测量领域应用量不断上升。在国外 MEMS 微惯性姿态测量领域，高精度 MEMS 微惯性传感器已经大量工程化，由 MEMS 微惯性传感器组成的微型 IMU 已经大量应用于各种无人机飞行器姿态测量系统。

基于 MEMS 的无人机飞行器姿态测量系统采用 MEMS 陀螺仪和 MEMS 加速度计组合，MEMS 陀螺仪、MEMS 加速度计的敏感轴相互垂直，分别测量沿此 3 个方向的角速度和加速度，组成惯性姿态测量 MEMS IMU，信息处理系统向惯导计算机提供飞行器沿横滚、俯仰、偏航轴的加速度信息 α 和转动的角速度信息 ω，计算机依据方向余弦矩阵微分方程便可实时计算出载体坐标系和惯性坐标系之间的方向余弦矩阵，参考载体起飞前初始对准的结果或在空中由其他信号源提供的初始条件，可以得到地理坐标系相对惯性坐标系的旋转角速度，对其进行积分就可以得到载体的航向和姿态。通过这个方向余弦矩阵的分解，便可将加速度计的输出转换为飞行器沿地理坐标系的加速度分量。然后将其积分，就得到南北向、东西向及高度方向的地速分量。有了地速分量，进行相应的转换，就可以得到经纬度、高度的变化率，再对其进行积分，最终就得到飞行器瞬时位置的经度、纬度及高度。因此，微机械惯性测量系统可以提供载体姿态、位置和速度信息。

7.2　基于 MEMS 惯性传感器的姿态测量

无人机机载系统安装在飞机、舰船等载体上，与地面固定位置不同，其发射时的初始位置姿态随着载体的飞行或航行而发生动态变化。无人机机载系统的初始位置信息一般由舰船等载体提供，以便使无人机机载系统的惯性导航设备快速正确地进行初始对准和初始参数装订。通常情况下，会在全舰摇摆最小、稳定性最好、刚度最佳的部位，安装一套航姿系统，假设舰船是一个绝对刚体，在各坐标系基准匹配一致的条件下，一次性把位置、速度和航向姿态从航姿系统传递给舰载设备的惯导系统。但是，一般情况下这些舰载设备的坐标基准与舰船的坐标基准并未匹配一致，并且，即使在安装舰载设备的部位设立局部坐标基准，并使这些坐标基准在机械上或读数上匹配一致，由于船体在动态环境下受其自身载荷以及风浪、日晒等诸多条件的影响，会引起坐标基准失调，导致统一基准的失效，从而影响全舰姿态基准(即舰上导航系统)高精度的充分发挥，从而无法保证导航系统与舰载武器系统高精度匹配，直接影响舰艇的作战能力。因此，各种低成本、微型无人机机载系统主要利用基于MEMS惯性测量技术的惯性姿态测量系统，实时测量舰船等载体的初始位置姿态信息，提供给机载飞行控制系统。基于 MEMS 惯性传感器的无人机机载姿态测量系统主要通过惯性传感器实时测量载体相对地理坐标系的姿态信息，为机载系统控制系统提供初始装订位置姿态信息。

基于 MEMS 无人机机载姿态测量技术将 MEMS 微机械陀螺仪、MEMS 微机械加速度计的惯性测量技术应用于机载系统的惯性姿态测量，实时测量载体的航向、横滚、俯仰等姿态信息，采集 MEMS 陀螺仪输出的角速度和 MEMS 加速度计输出的视加速度，对角速度、加速度、数据源信息进行常值零位、g 值项、正交项误差、信号噪声补偿，通过矩阵、积分算法，实时动态输出载体的航向、横滚、俯仰等初始位置姿态信息，经后续通信接口电路与无人机机载飞行控制系统进行数据传输与交互，具有小型化、成本低、系统简单等优点。

7.2.1　基于 MEMS 惯性传感器的无人机机载系统姿态测量

基于 MEMS 角速度与加速度惯性传感器，可实现姿态角的测量，主要通过测量特定方向上的加速度，并计算其与重力加速度之间的数学关系，从而得到待测平面与水平面之间的横滚、俯仰姿态角，但容易受到动态加速度的影响，所以适用于静态场景。针对动态场景的航向姿态角测量，可利用 MEMS 陀螺角速度积分，测量短时间内载体的航向姿态角。由于 MEMS 陀螺积分环节会使误差随时间累积，需要利用加速度计的输出对陀螺输出进行修正，通常利用互补滤波或卡尔曼滤波等数据融合算法来估算下一时刻的角度信息，建立 MEMS 惯性传感器的温度漂移补偿模型，以提高航向姿态角测量精度，从而降低工作温度对传感器的不利影响。目前，MEMS 惯性传感器漂移补偿的方法一般有建模补偿方法、参数校准方法和特殊结构方法。其中，建模补偿方法应用最为广泛，在系统信号层面通过高低温试验建立输出与温度的模型，传感器工作时，利用内置温度传感器等测量表征温度，根据补偿模型实施漂移补偿，使姿态角零位的温度敏感度从 0.019°/℃降低到了 0.004 4°/℃，可明显改善角度测量的精度和稳定性。另外，利用基于 DSP＋FPGA 的硬件平台，采集 6 路安装在载体非质心处的高精度 MEMS 加速度计的信息，代替陀螺仪来测量载体的角速度信息，最终经过 DSP 解算实现系统的导航定位定姿。

基于 MEMS 惯性传感器的无人机载飞行器姿态测量系统作为精度较低的惯性测量系统，一般主要由 MEMS 微机械陀螺仪、MEMS 微机械加速度计组成惯性传感器组合，集成所需的各种电源、信号处理电路、输入输出接口及算法、误差补偿软件等，基于 MEMS 惯性传感器的无人机载飞行器姿态测量系统组成如图 7－1 所示。图中 G_x、G_y、G_z 分别为 x、y、z 轴的 MEMS 陀螺仪；A_x、A_y 分别为 x、y 轴的 MEMS 加速度计；ω_x、ω_y、ω_z 分别为 x、y、z 轴的角速度；ψ 为航向角；θ 为俯仰角；γ 为横滚角。

1. MEMS 惯性传感器组合

MEMS 惯性传感器组合是无人机飞行器惯性姿态测量系统的核心，主要包括 MEMS 陀螺仪、MEMS 加速度计。按系统安装精度，固定在敏感支架上，与 MEMS 惯性传感器敏感轴与无人机飞行器惯性输入轴保持一定的安装误差角，保证其正交安装精度。对 MEMS 惯性传感器组合采用减振措施，远离飞行器的一阶、二阶固有频率，提高 MEMS 惯性传感器环境适应性及工作可靠性。

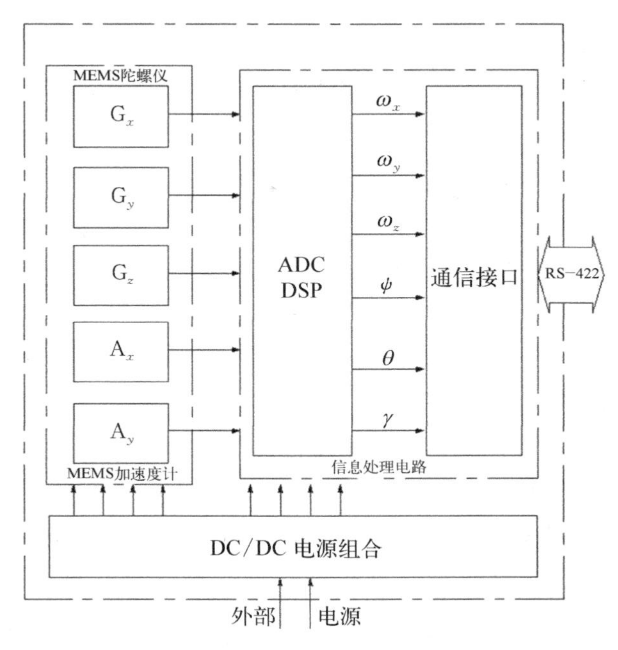

图 7－1　无人机飞行器姿态测量系统组成

MEMS 陀螺仪体积小、重量轻、供电简单，用于测量载体的角速度，其零位及零位稳定性、非线性、温度特性等性能指标，直接影响航向、角速度姿态信息测量精度。实际应用中，单轴 MEMS 陀螺仪体积较大，精度较高，如图 7－2 所示。另外，采用一种供电式的三轴 MEMS 陀螺仪，如图 7－3 所示，其在功耗、结构体积、成本等方面都具有相对优势。三轴 MEMS 陀螺仪典型技术指标如表 7－1 所示。

图 7－2　单轴 MEMS 陀螺仪

图 7－3　三轴 MEMS 陀螺仪

表 7-1　三轴 MEMS 陀螺仪典型技术指标

指　标	数　值	指　标	数　值
测量范围/(°/s)	400～1 000	电源/VDC	+5
零偏/(°/h)	30	带宽/Hz	100
标度因数/(mV/°·s^{-1})	11.5±1.3	尺寸/mm	11.2×11.2×2
全温零偏稳定性/(°/h)	1	冲击/g	2 000
非线性/%FS	≤0.5	温度范围/℃	−40～+85
启动时间/s	≤2	重量/g	30

MEMS 陀螺仪尺寸小，芯片直接焊接在 PCB 上，与其他外围电路实现角速度的测量，精度较高，量程、带宽可按要求进行调整。在无人机载航空姿态测量系统中，高精度 MEMS 陀螺仪已逐步完成了对中、低精度的液浮陀螺仪、光纤陀螺仪的替代。

MEMS 加速度计用于测量载体的倾角，MEMS 加速度计偏值稳定性不大于 500 μg，标度因数稳定性不大于 500 ppm，测量最大加速度为 $50g$。工程应用中，加速度计分为单轴、三轴 MEMS 加速度计，典型三轴微机械加速度计的技术指标及测试数据如表 7-2、表 7-3 所示。

表 7-2　三轴微机械加速度计 X 轴技术指标及测试数据

误差项目	技术指标		试验数据(约)	
	测试加速度/g	倾角/(°)	测试加速度/g	倾角/(°)
分辨率	0.02	1.15	—	—
偏置重复性	0.01	0.57	0.03	1.72
偏置漂移	0.02	1.15	0.05	2.87
偏值总误差	0.05	2.87	0.08	4.6
非线性误差(按最大测试角度为 22.5°)	0.002 7	0.16	0.004 2	0.24
总误差	0.052 7	3.02	0.084 2	4.84
全温偏置变化量	1	90	—	—
全温输出灵敏度变化量	0.009	0.5	—	—

注：g_0为测试加速度值。

表 7－3　三轴微机械加速度计 *Y*、*Z* 轴技术指标及测试数据

误差项目	技术指标		试验数据(约)	
	测试加速度/g	倾角/(°)	测试加速度/g	倾角/(°)
分辨率	0.015	0.86	—	—
偏置重复性	0.01	0.57	0.01	0.57
偏置漂移	0.01	0.57	0.04	2.29
偏值总误差	0.035	2.01	0.05	2.87
非线性误差(按最大测试角度为 22.5°)	0.001 9	0.11	0.001 9	0.11
总误差	0.036 9	2.12	0.051 9	2.98
全温偏置变化量	0.3	17.5	—	—
全温输出灵敏度变化量	0.009	0.5	—	—

注：g_0 为测试加速度值。

从表 7－2、表 7－3 中可知，由于受温度变化影响很大，去除温度影响，该加速度计最小测角误差为 3°因此需采用温控或温补措施。三轴 MEMS 加速度计组合如图 7－4 所示。

图 7－4　三轴 MEMS 加速度计组合

MEMS 惯性传感器组合是将 3 只 MEMS 陀螺仪与加速度计通过柔性板连接固定在支架上，体积小，可实现无人机机载系统对载体的三个输入轴角速度、加速度的测量。基于 MEMS 惯性传感器的 IMU 如图 7－5 所示。

2. 电源组合

电源组合主要根据惯性敏感器件和信号处理电路各种集成电路、接口通信芯片的工作要求，按系统提供的供电电源进行 DC/DC 转换，提供±5 V、

图 7-5　基于 MEMS 惯性传感器的 IMU

±3.3 V 等各种不同体制的供电电源。由于测量系统所需电源种类较多，惯性敏感器件所需电源应采用隔离和滤波技术。惯性姿态测量系统各组部件需要的±5 V 电源和 3 V 电源由 DC/DC 模块来产生。电源组合一般包含瞬态抑制电路、进线滤波电路、DC/DC 变换电路和输出滤波电路，如图 7-6 所示。

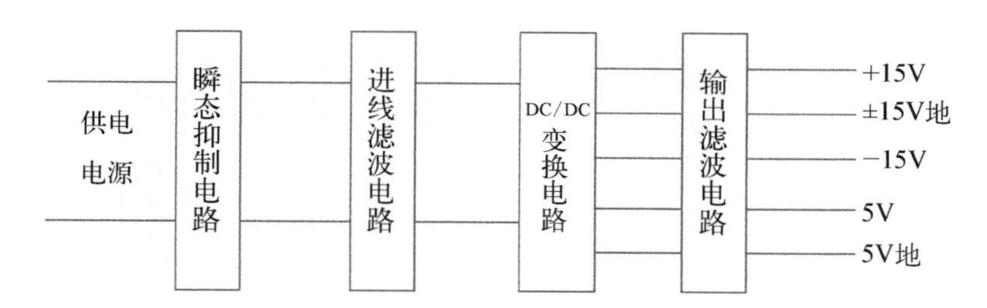

图 7-6　电源组合原理

1）瞬态抑制电路

为提高传感器的抗干扰能力，需要对传感器的供电电源的进线采取瞬态抑制措施。目前广泛使用的瞬态抑制措施为采用瞬态电压抑制二极管（transient voltage suppressor，TVS），在规定的反向应用条件下，当承受高能量的瞬时过压脉冲时，其工作阻抗立即降至很低的导通值，允许大电流通过，并将电压钳制到预定电平，从而有效保护电子线路中其他元器件。它简单有效，技术成熟，是有效的瞬变干扰抑制器件。电路采用瞬态电压抑制二极管(G)SY5645A，要求其击穿电压高于工作电源上限，用在外供电源的入口处，使各类瞬变干扰在传感器进线处被吸收掉，确保传感器的安全和抗瞬变干扰能力。

2）进线滤波电路

由于二次电源是通过 DC/DC 模块变换产生的，而 DC/DC 模块对一次电源的干扰很严重，因此需要对供电电源进行进线滤波。目前有很多专用的电源滤波模块，使用简便，体积较小。

进线滤波电路输入端面对系统电源，输出端面对 DC/DC 模块输入端。因此，应选择输入端为电容、输出端为电感的滤波模块，以实现阻抗匹配，取得最佳滤波效果。直流电源滤波器作为进线滤波电路，其工作额定电压为 50 V，额定电流为 5 A，外形尺寸为 7.5 mm×7.5 mm×10 mm，直流电源滤波器内部电路如图 7－7 所示，直流电源滤波器衰减特性如表 7－4 所示。

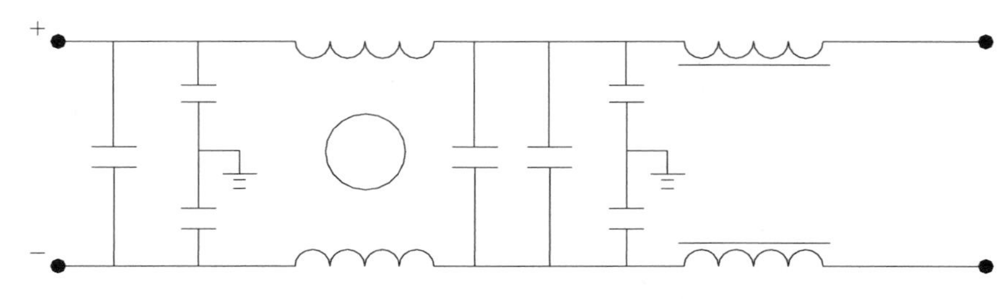

图 7－7　直流电源滤波器内部电路

表 7－4　直流电源滤波器衰减特性

衰减特性参数	电磁波频率/MHz							
	0.01	0.05	0.10	0.5	1	5	10	30
差模插入损耗/dB	30	40	45	55	50	50	50	45
共模插入损耗/dB	25	40	45	55	50	50	50	47

考虑到直流电源滤波器衰减特性仅为 50 dB 左右，因此采用两只直流电源滤波器串联组成进线滤波电路，系统外部供电滤波电路如图 7－8 所示。

3）DC/DC 变换电路

用 DC/DC 模块来实现传感器二次电源和一次电源电气隔离。DC/DC 电源模块产生±5 V 陀螺仪供电电源，3.3 V 集成电路、芯片供电电源。输入范围为 18～36 V；输出电压为 5 V±0.2 V；输出电流为 0.6 A；转换效率不低于 80%。

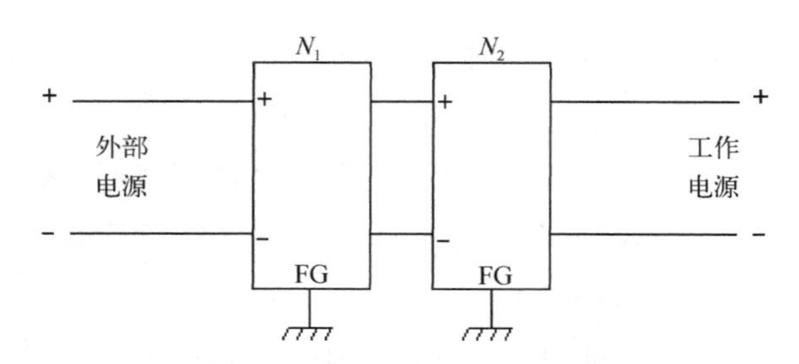

图 7-8　系统外部供电滤波电路

4）输出滤波电路

DC/DC 模块输出的直流稳压电源噪声比较大，干扰比较强，当应用于对噪声要求比较高的传感器中时，需要采用电源滤波模块，在电源模块输出处对电源进行滤波。

输出滤波电路输入端面对 DC/DC 模块输出端（高阻抗），输出端面对其他有源器件（高阻抗）。因此，应选择输入端和输出端皆为电容的滤波模块，以实现阻抗匹配，取得最佳滤波效果。

直流电源滤波器作为进线滤波电路，该滤波器的工作额电压为 30 V，额定电流为 1 A，直流电源进线滤波器内部电路如图 7-9 所示，直流电源进线滤波器衰减特性如表 7-5 所示。

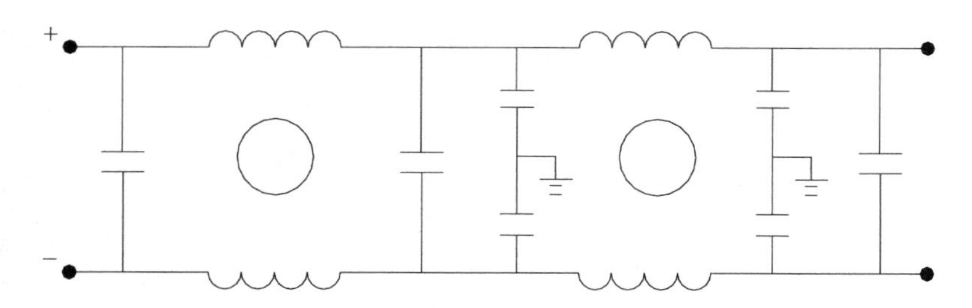

图 7-9　直流电源进线滤波器内部电路

表 7-5　直流电源进线滤波器衰减特性

衰减特性参数	电磁波频率/MHz							
	0.01	0.05	0.10	0.5	1	5	10	30
差模插入损耗/dB	17	29	37	76	58	56	54	54
共模插入损耗/dB	6	39	49	75	70	65	60	58

输出滤波电路如图 7－10 所示。

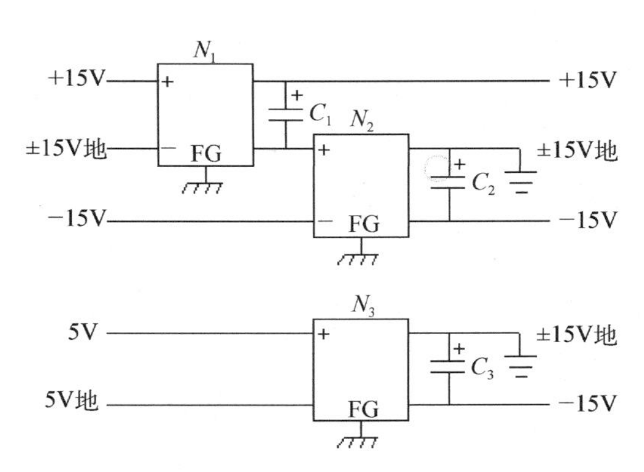

图 7－10　输出滤波电路

3. 信号采集与处理

信号采集与处理电路包含 A/D 模数转换电路、信号处理电路和通信接口控制电路。A/D 模数转换电路主要采集陀螺仪 G_x、G_y、G_z 三路轴向角速度和 MEMS 加速度计 A_x、A_y、A_z 三路轴向加速度的输出，通过对信号进行差分放大，经 A/D 模数转换，将模拟信号转换为数字信号；信号处理电路通过 DSP 数字信息处理芯片，按规定的补偿计算方法，对经模数转换的惯性量进行误差补偿以及角速度、姿态角解算处理；通信接口控制电路按系统通信协议要求，将处理后的信号发送至系统。信号处理电路工作原理如图 7－11 所示。

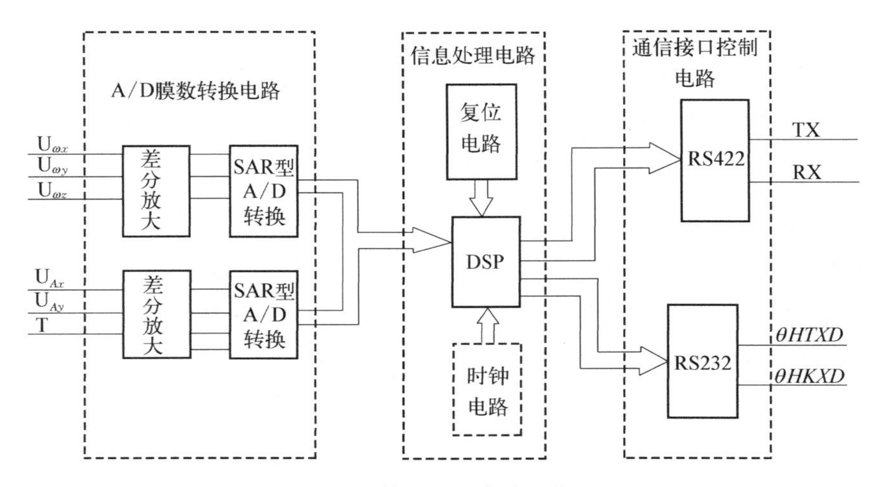

图 7－11　信号处理电路工作原理

1）A/D 模数转换电路

A/D 模数转换电路主要由前端信号调理电路和 SAR 型 A/D 转换电路两部分组成。其中，前端信号调理电路主要完成对 3 路陀螺仪输出模拟信号、2 路加速度计输出模拟信号和 1 路陀螺仪温度输出模拟信号的整形滤波，然后送至 A/D 转换器输入端进行采样，并通过并行接口和 DSP 进行数据交互。信号调理电路主要分为陀螺仪模拟输出角速度信号调理部分和加速度计输出模拟加速度信号调理部分，主要起滤波、放大作用，并使其输出信号范围满足 A/D 模拟信号输入 −5～5 V，其中 3 路陀螺仪角速度信号调理电路形式采用一阶低通滤波形式，加速度信号调理电路形式采用二阶低通滤波。

（1）角速度信号调理电路。

针对陀螺仪信号调理电路如图 7－12 所示。

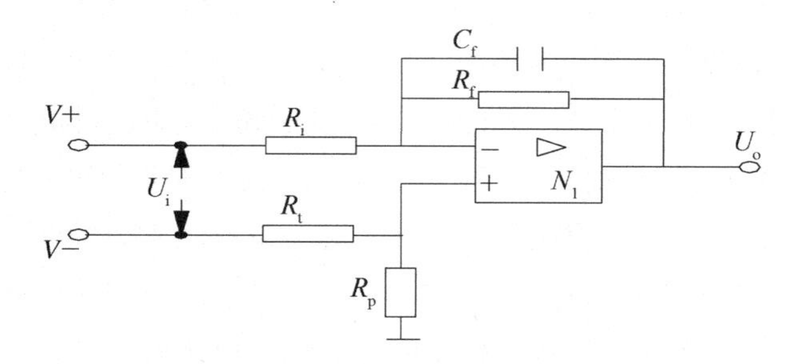

图 7－12　陀螺仪信号调理电路

电路中，电阻 R_i 和 R_f 决定陀螺仪通道的放大倍数，电容 C_f 和 R_f 决定该通道的时间常数，对应的传递函数为

$$G(s)=\frac{U_o(s)}{U_i(s)}=-\frac{R_f}{R_i}\times\frac{1}{(R_fC_fs+1)} \tag{7-1}$$

式中，U_o 为一阶低通输出信号，U_i 为一阶低通输入信号，取 $R_i=100\ \text{k}\Omega$，$R_f=100\ \text{k}\Omega$，$C_f=1.5\ \mu\text{F}$，计算可得放大倍数为 1、截止频率为 1 Hz、时间常数为 150 ms，而陀螺仪信号输入范围为 0～5 V，在 A/D 输入信号范围内。

（2）加速度计信号调理电路。

针对系统存在的噪声，为增加干扰信号在阻带区的衰减速度，A/D 前端两路加速度计信号调理电路为压控型二阶低通滤波器，在阻带区，提供 −40 dB/10 倍频的衰减，可以有效抑制高频干扰[19]，压控型二阶低通滤波器电路如图 7 - 13 所示。

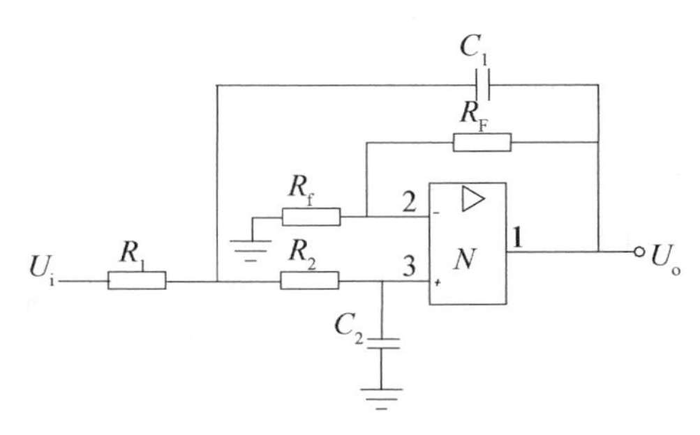

图 7 - 13　压控型二阶低通滤波器电路

其对应的传递函数为

$$G(s)=\frac{\mathrm{Aup}}{1+\left(2R_2+\frac{R_2^2}{R_1}-A_{\mathrm{up}}\times R_2\times s+R_2^2\times C^2\times s^2\right)} \tag{7-2}$$

式中，Aup 为电压幅值。电路形式基本参数如下：$C_1=1.5\ \mathrm{uF}$，截止频率为 1 Hz，$K_F=(1+R_F/R_f)=2$，$f_0=1\ \mathrm{Hz}$，电容比例常数 $a=C_1/C_2$，在此取电容比例常数 a 为 1，即 $C_2=1.5\ \mathrm{uF}$，阻尼系数$\varsigma=0.5\times\left(\sqrt{\frac{R_2\times C_2}{R_1\times C_1}}+\sqrt{\frac{R_1\times C_2}{R_2\times C_1}}-(KF-1)\times\sqrt{\frac{R_1\times C_1}{R_2\times C_2}}\right)=1/\sqrt{2}$，$\varsigma<1$ 时的幅频特性为无共振峰。

由参数计算可得 $R_2=2R_1$，故 $R_1+R_2=3R_1=R_F/R_f$，而

$$\begin{aligned}R_2&=\frac{\varsigma}{a\times C_1\times\omega_n}\times\left[1+\sqrt{1+\frac{K_F-1-a}{\varsigma^2}}\right]\\&=\frac{\frac{1}{\sqrt{2}}}{1\times(1.5\times10^{-6})\times(2\times\pi\times1)}\times\left(1+\sqrt{1+\frac{2-1-1}{\left(\frac{1}{\sqrt{2}}\right)^2}}\right)\end{aligned} \tag{7-3}$$

可得 $R_1=75\ \mathrm{k\Omega}$，$R_2=150\ \mathrm{k\Omega}$，取标称值 75 kΩ 和 150 kΩ，$R_F=R_f=R_1+R_2=225\ \mathrm{k\Omega}$，取标称值 226 kΩ，此时对应的截止频率为 $\left(\sqrt{\frac{1}{R_1\times R_2\times C_1\times C_2}}\right)/$

$2\times\pi=1$ Hz；更改后电路放大倍数 $K_F=2$，加速度计输出的最大标度因数为 1.2 mA/g，改前信号调理电路输入端采样电阻为 3.83 K，已经超出 A/D 转换器 5 V 最大输入信号范围，在此需同时调整 A/D 信号调理电路前端的采样电阻。

SAR 型 A/D 转换电路主要由 16 位 A/D 转换器及其相应的外围电路组成，完成对信号调理电路运放输出端的模拟信号的 A/D 转换。AD7656 为 ADI 公司生产的典型 A/D 转换器件，该器件具有以下性能：① 6 路相互独立的转换通道；② 16 位的转换精度；③ −40～85℃的工作环境；④ 250kSPS 的转换速度；⑤ 可选择串、并口输出数据；⑥ 可用软硬件设置转换范围为±5 V 或±10 V；⑦ 内部集成 2.5 V 参考源。

AD7656 内部结构如图 7－14 所示。

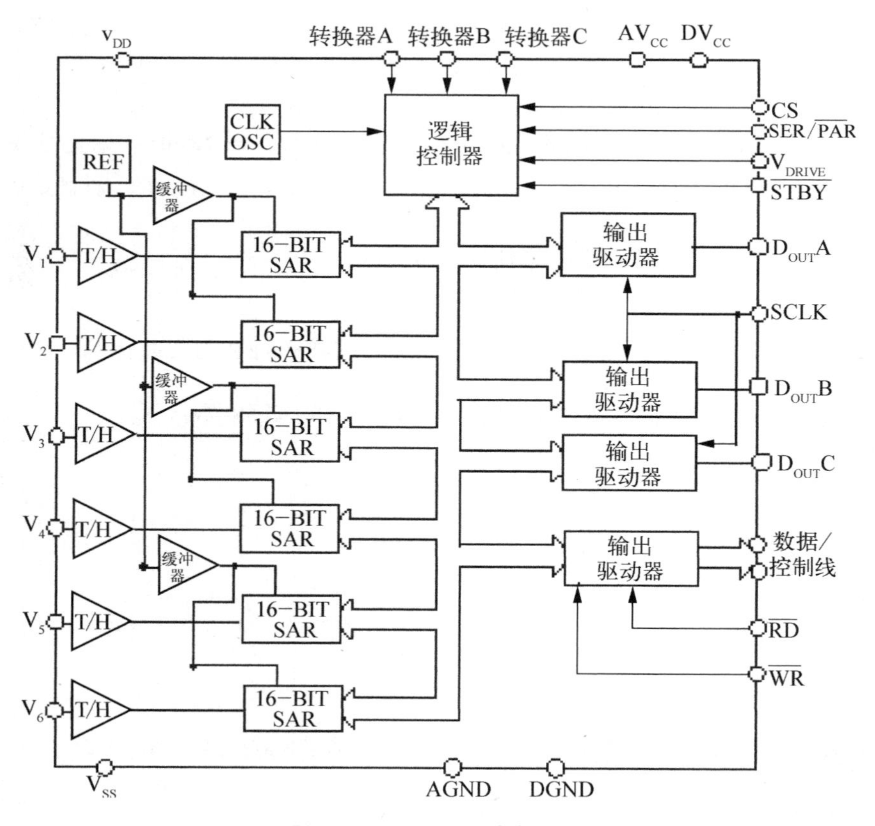

图 7－14　AD7656 内部结构

可选择软件模式或硬件模式对 A/D 转换器进行配置，其中，硬件模式配置为：

a. 将 H/S SEL 接至数字地，使器件处于硬件选择模式，通过硬件的方式对器件进行配置，器件的 6 通道同时进行采样转换。

b. 将 SER/PAR 接至数字地，使器件的转换数据经并口数据线输出。

c. 将 VDRIVE 接至 5 V 电源，使器件的数据线输出高电平时，其电压为 5 V，这样 A/D 转换器的数据线就可以与 F206 的数据总线直接相连。

d. 将 WR/REF EN/DISABLE 接数字地，器件选择外部参考源，将 RANGE 接至 5 V 电源，使器件模拟输入范围为±2xVREF，即输入范围为±5 V。

DSP 通过 XF 口向 A/D 发送模数启动转换命令 CONVST，A/D 的片选信号设为低电平，A/D 使能，等待一定时间后发送读数据命令，在 DSP 中读取转换数据。A/D 转换时序如图 7－15 所示。

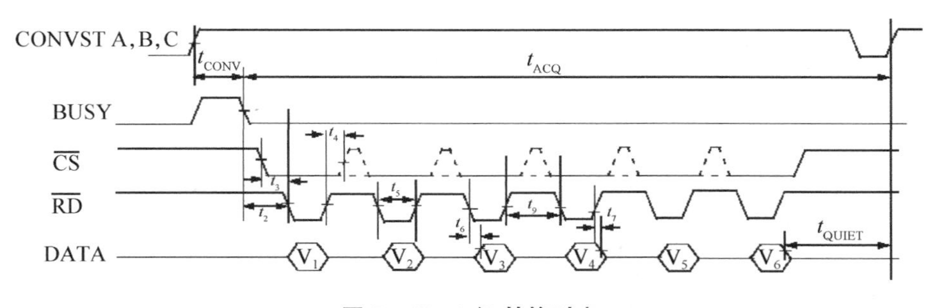

图 7－15　A/D 转换时序

2）信息处理电路

信号处理电路的 DSP 处理和控制电路主要具有如下功能：

(1) 控制 A/D 模数转换器的采样转换和通过 DSP 的并行口读取采样转换结果。

(2) 对 A/D 采样结果进行滤波计算并对该周期采样信号进行误差补偿。

(3) 对补偿后 3 路角速度和 2 路加速度测量值进行解算，并在该周期末通过双路通用异步接收发送转换器实时发送出去。

(4) 利用 DSP 异步串口实现上传误差系数数据和程序到内部存储器的功能。

在 DSP 内部有两片长度各为 16 k 字节的存储器，第一片存储器的地址空间为0000h－3FFFh，第二片存储器的地址空间为4000h－7FFFh。将传感器系统误差补偿软件的程序烧入第一片存储器中，误差系数烧入第二片存储器。4个可以配置为输入输出的通用I/O(I/O0、I/O1、I/O2、I/O3)口，1个XF输出口，1个BIO输入口。I/O1、I/O3分别作为板上备用数字温度传感器AD7814的片选信号和SCLK时钟信号，来完成对数字温度传感器的时序控制；XF信号主要作为A/D转换器的启动转换信号。

RC复位电路是常规、典型的信号处理电路的复位电路，采用施密特触发器去除信号抖动，防止误触发，复位时间值一般要大于DSP复位所需的3个时钟周期。复位电路逻辑图如图7－16所示。

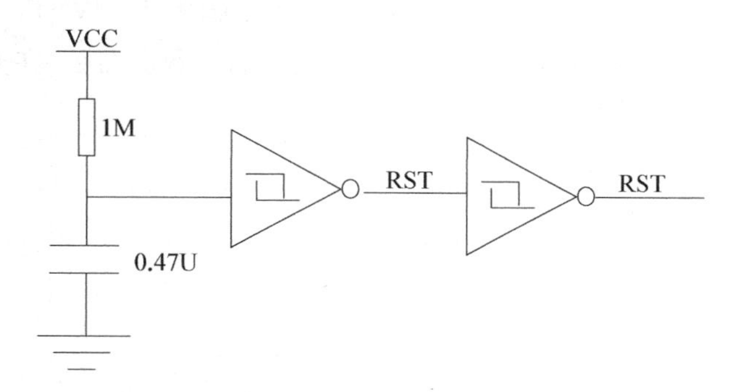

图7－16　复位电路逻辑

图7－16中施密特触发器触发电平为1.5 V，其复位时间计算如下：

$$t=-RC\log_e\left(1-\frac{V}{V_{CC}}\right) \tag{7-4}$$

式中，R为电阻，C为电容。实际电路中取$R=1\ \mathrm{M\Omega}$，$V_{CC}=5\ \mathrm{V}$，$C=0.47\ \mu\mathrm{F}$，$V=1.5\ \mathrm{V}$，可得$t=-RC\ln 0.7=0.167\ \mathrm{s}$。

DSP使用晶体振荡器产生时钟源，主频、温度漂移及频率稳定度是时钟源的主要参数，通过电路对DSP所需时钟进行控制。

译码电路产生数字电路所需要的片选信号，且主要产生针对外部A/D转换器和串行控制器的片选信号。通过DSP的地址总线信号A13、A14、A15、外部数据存储器选择信号$\overline{DS}$与地址译码器译码，片选信号可得到外部设备数据空间。地址译码电路如图7－17所示。

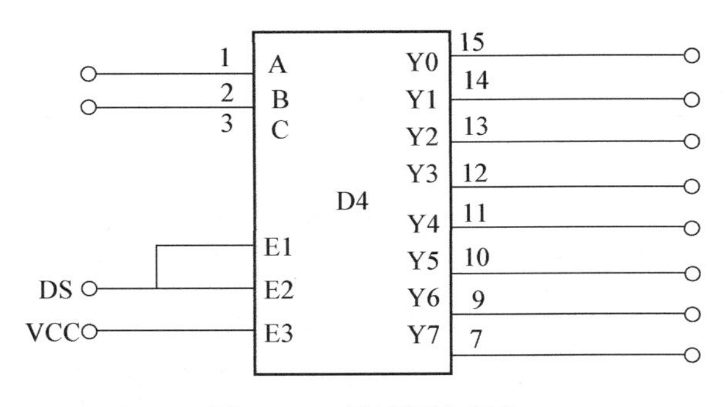

图 7－17　地址译码电路

3）通信接口控制电路

通信接口电路主要由双路通用异步接收发送转换器 RS－422 接口电路和 RS－232 串行接口电路组成，其中 RS－422 接口电路用于发送解算后的 3 路角速度和 3 个姿态角，串行接口电路用于地面测试和上传误差补偿系数。

在信息处理电路中，RS－422 通信接口电路主要把经解算后的 3 路角速度、3 个姿态角实时发送出去。主要功能如下：

（1）具有 2 路完全独立的通用异步接收发送并串转换器，每一转换器内含有 256 字节的 FIFO 存储器，接收和发送可以设为不同的波特率，最高波特率可达 2 Mbps。

（2）配置 16 路输入输出的通用 I/O 接口。

（3）通过 DSP 对寄存器进行初始化配置寄存器资源。

在信息处理电路中，RS－232 串行通信接口电路可将信号处理电路每周期累加结果数据实时下传和上传误差系数。通过一片串口通信芯片实现 TTL 电平和 RS－232 电平之间的转换，以实现 PC 机与 DSP 间的数据通信。

7.2.2　工作原理

一般无人机机载系统载体在大机动环境下工作，在工作过程中，角速度和相对地理坐标系的姿态角处于动态变化状态，角速度范围较大，速度快，故应使用量程范围大的 MEMS 陀螺仪、MEMS 加速度计对飞行器载体进行姿态测量，其中 MEMS 陀螺仪用于测量飞行器在惯性空间的运动信息，经过解算获得飞行器载体的角速度，而 MEMS 加速度计则用于感知机载系统载体加速度，解算以获得机载系统载体的速度。同时，将测得的相对于当地水平面之间的倾斜角信息解算后可以获得载体相对于当地地理坐标系的姿态角。

利用 MEMS 加速度计测量地球重力加速度在载体测量轴上的分量，经过解算可获得载体的姿态角。当 MEMS 加速度计的敏感轴处于水平面时，地球重力加速度在 MEMS 加速度计的敏感轴上的分量为零；当 MEMS 加速度计的敏感轴与水平面之间存在一个角度时，MEMS 加速度计便有输出，输出的大小与敏感轴与水平面之间角度呈正弦曲线关系；当 MEMS 加速度计的敏感轴垂直于水平面时，MEMS 加速度计便可感知地球重力加速度 g。MEMS 加速度计测量载体姿态角的工作原理如图 7-18 所示[19]。

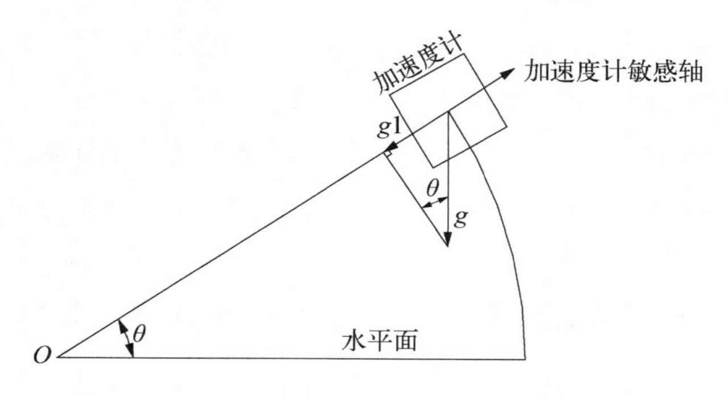

图 7-18　MEMS 加速度计测量姿态角的工作原理

由图 7-18 可知

$$g_1 = g\sin\theta \tag{7-5}$$

则

$$\theta = \arcsin\left(\frac{g_1}{g}\right) \tag{7-6}$$

利用 MEMS 加速度计测量地球重力加速度在载体上的分量来求载体与水平面之间角度的方法具有如下优点：一是 MEMS 加速度计测量的是载体与水平面之间角度的绝对姿态角，不受系统干扰，测量精度高；二是 MEMS 加速度计的输出不会随着时间的推移而发生漂移，可以较高精度的加速度计敏感的最小姿态角变化。

一般而言，测量载体在运动状态时的角速度信息只需要MEMS陀螺仪即可，测量载体在运动状态时的速度信息只需要MEMS加速度计即可。但是，由于产品的安装位置不在载体运动的回转中心上，而是与载体运动的回转中心有一定的距离 r，产品在运动的载体上在以绕载体运动的回转中心为圆心、半径为 r 的一段圆弧 ABC 上往复运动。在此情况下，产品在运动时会产生一个离心力，从而产生离心加速度，这个离心加速度会和重力加速度耦合在一起，造成MEMS加速度计的测量值中包含了离心加速度，直接计算就存在误差，这个测量误差随着离心加速度的变化而变化。离心加速度的误差如图7-19所示。

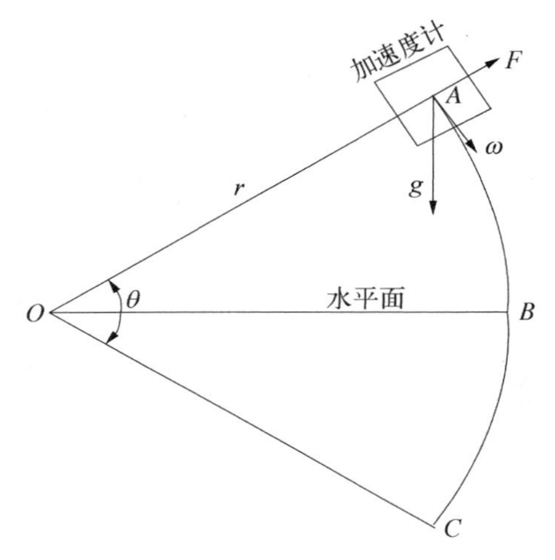

图7-19　离心加速度引起的误差

离心加速度 a 的大小与离心半径 r 和角速度 ω 有关，即

$$a = r \times \omega^2 \tag{7-7}$$

根据载体的摇摆参数，按摇摆幅度为22.5°、频率为0.2 Hz的工作环境条件，最大角速度为 $V_{max} = 2 \times 3.141\,592\,6 \times f \times A = 28.28°/s$（式中，$f$ 为频率，单位为Hz；A 为摇摆幅度，单位为°），经过仿真计算，在不同的安装位置（离心半径不同），离心加速度引起的最大测量误差如表7-6所示。

表7-6　离心加速度引起的最大测量误差

离心半径/m	误差加速度/g	误差角度/(°)
0.28	0.006 95	0.4
1	0.024 84	1.423 85
10	0.248 49	14.387 8
20	0.496 98	29.799 7
25	0.621 23	38.404 8

从仿真数据可知，在载体摇摆幅度和周期一定的情况下，离心半径 r 越大，则由其引起的测试误差就越大，为此必须对其进行补偿，才能达到技术指标的要求。补偿方法是采用 MEMS 陀螺仪测出产品绕载体回转中心的角速度信息，经过解算得到离心加速度，最后用此信息对 MEMS 加速度计的输出数据进行补偿，从而得到真实的载体相对地理坐标系的姿态角信息。

7.3 基于 MEMS 惯性传感器的姿态测量误差模型

通过 MEMS 惯性传感器的误差分析，基于 MEMS 惯性传感器的姿态测量误差主要包含系统 MEMS 惯性传感器安装误差，MEMS 惯性传感器的 g 值效应误差，加速度通道、角速度通道测量误差，温度误差。与惯性测量系统一样，在系统标定环节补偿安装误差、g 值效应误差和温度误差。

惯性测量角速度通道角度增量及角速度误差补偿模型如下：

$$\begin{bmatrix} W\theta_x \\ W\theta_y \\ W\theta_z \end{bmatrix} = \begin{bmatrix} K_x & K_xE_{yz} & K_xE_{zx} \\ K_yE_{xy} & K_y & K_yE_{zy} \\ K_z & K_zE_{xz} & K_z \end{bmatrix}^{-1} \left\{ \begin{bmatrix} N_{ax} \\ N_{ay} \\ N_{az} \end{bmatrix} - \begin{bmatrix} E_{xg} \\ E_{yg} \\ E_{zg} \end{bmatrix} - \begin{bmatrix} E_{xT}D_x \\ E_{yT}D_y \\ E_{zT}D_z \end{bmatrix} - \begin{bmatrix} K_xD_x \\ K_yD_y \\ K_zD_z \end{bmatrix} \right\} \tag{7-8}$$

式中，N_{ai} 为角速度通道误差补偿前脉冲量，$i=x, y, z$；K_i 为角速度通道标度因数，$i=x, y, z$；D_i 表示为角速度通道零位，$i=x, y, z$；E_{ij} 为 MEMS 陀螺仪安装误差，$i=x, y, z$，$j=x, y, z$；E_{ig} 为 MEMS 陀螺仪 g 值误差，$i=x, y, z$；E_{iT} 为角速度通道温度误差系数，$i=x, y, z$，$W_{\theta i}$ 为角度增量补偿量或角速度补偿量，$i=x, y, z$。

$\begin{bmatrix} K_x & K_xE_{yz} & K_xE_{zx} \\ K_yE_{xy} & K_y & K_yE_{zy} \\ K_z & K_zE_{xz} & K_z \end{bmatrix}^{-1}$，$\begin{bmatrix} E_{xg} \\ E_{yg} \\ E_{zg} \end{bmatrix}$，$\begin{bmatrix} E_{xT}D_x \\ E_{yT}D_y \\ E_{zT}D_z \end{bmatrix}$，$\begin{bmatrix} K_xD_x \\ K_yD_y \\ K_zD_z \end{bmatrix}$ 为存于 DSP 第二片存储器中的误差系数，角度增量和角速度各一组，误差补偿子程序运行时按照对应的温度点将 g 值误差系数、正交误差及温度误差系数读出，解算出角度增量补偿量或角速度补偿量。

视加速度误差补偿模型如下：

$$\begin{bmatrix}\hat{a}_x\\ \hat{a}_y\\ \hat{a}_z\end{bmatrix}=\begin{bmatrix}K_x & 0 & 0\\ 0 & K_y & 0\\ 0 & 0 & K_z\end{bmatrix}^{-1}\left\{\begin{bmatrix}N_{ax}\\ N_{ay}\\ N_{az}\end{bmatrix}-\begin{bmatrix}E_{xg}\\ E_{yg}\\ E_{zg}\end{bmatrix}-\begin{bmatrix}E_{xT}D_x\\ E_{yT}D_y\\ E_{zT}D_z\end{bmatrix}-\begin{bmatrix}K_xD_x\\ K_yD_y\\ K_zD_z\end{bmatrix}\right\} \tag{7-9}$$

式中，N_{ai}为加速度通道补偿前脉冲量，$i=x, y, z$；K_i 为加速度通道标度因数，$i=x, y, z$；D_i 为加速度通道零位，$i=x, y, z$；E_{ij}为加速度计安装误差，$i=x, y, z, j=x, y, z$；F_{ig}为加速度计 g 值误差，$i=x, y, z$；E_{iT}为加速度通道温度误差系数，$i=x, y, z$，$\hat{a}_i$ 为视加速度全量补偿量，$i=x, y, z$。

$\begin{bmatrix}K_x & 0 & 0\\ 0 & K_y & 0\\ 0 & 0 & K_z\end{bmatrix}^{-1}$，$\begin{bmatrix}E_{xg}\\ E_{yg}\\ E_{zg}\end{bmatrix}$，$\begin{bmatrix}E_{xT}D_x\\ E_{yT}D_y\\ E_{zT}D_z\end{bmatrix}$，$\begin{bmatrix}K_xD_x\\ K_yD_y\\ K_zD_z\end{bmatrix}$为视加速度通道误差系数，存于 DSP 第二片存储器中，误差补偿子程序运行时按照对应的温度点将其读出，解算出视加速度补偿量。通过式(7-9)可知，速度增量的误差系数包括 3 个标度因数、3 个零位误差、9 个安装误差、3 个 g 值误差及 3 个温度误差。

为了减小温度变化引起的 MEMS 惯性传感器漂移，一般以硬件、误差补偿等手段进行控制，采用如下方法：

(1) 研制对温度不敏感的 MEMS 惯性传感器。从 MEMS 惯性传感器的热设计出发，改善 MEMS 惯性传感器的结构分布、材料的温度特性，减少温度变化对其的影响。

(2) 在结构中增加负温系数的材料和器件，目的是和温度变化引起的材料物理性能的变化相互抵消，补偿温度对 MEMS 惯性传感器精度的影响。

(3) 利用隔离技术尽可能地抑制环境温度的变化，或设计恒温控制箱维持恒定的环境温度，保证 MEMS 惯性传感器工作于正常状态。

(4) 研究 MEMS 惯性传感器受温度影响的规律，建立温度误差模型，依据补偿模型进行 MEMS 惯性传感器的测量补偿。

前三种方法可以总结为硬件控制，具体通过改变结构、材料、工作环境等方式来减弱温度对 MEMS 惯性传感器的影响；第四种方法为软件补偿，即对温度漂移过程进行系统辨识，最后实现温度建模及补偿。但是，从硬件方面补偿虽然是一种从根本上解决问题的方法，但是其耗资耗时的缺点显而易见，而且会使得 MEMS 惯导系统的体积、重量加大，破坏了其原先突出的优点，使其应用变得毫无意义，因此硬件控制的方法具有一定的局限性。软件补偿具有非常好的通用性，可通过实验分析寻找一种工程实用的方法，建立 MIMU 的温度误差模型，从而补偿 MEMS 惯性传感器在变温环境下的测量误差。

MEMS 惯性传感器温度误差补偿一般采用直线方程拟合的方法。直线拟合的温度补偿数学模型如下：

$$K_{\mathrm{i}}=A\times T+B \tag{7-10}$$

式中，A、B 表示为方程系数；K_{i}表示为标定系数；T 表示为标定温度。

对于对姿态角精度要求高的系统，需要加密温度采样点，采取多段误差补偿系数的方法进行温度系数补偿。

7.4 基于 MEMS 惯性传感器的姿态算法

在惯性空间里测量载体姿态时，根据飞行器工作原理建立坐标系和数学模型，如图 7－20 所示，其中，$xyzO$ 为载体坐标系，$x'y'z'O'$ 为产品坐标系。

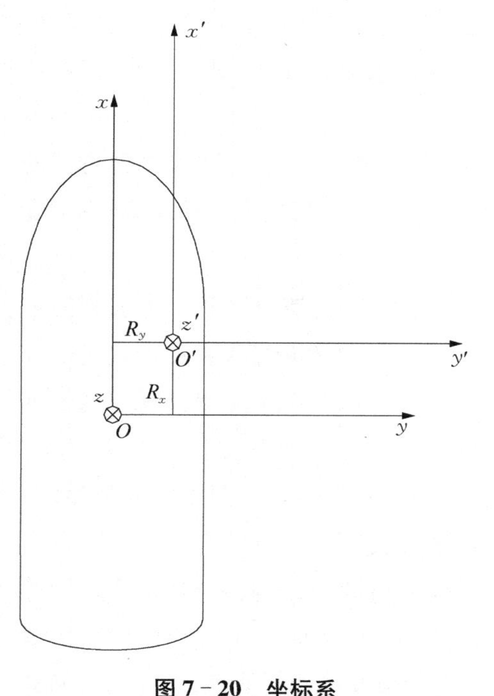

图 7－20　坐标系

根据坐标系的转换，载体与飞行器各输出轴的角速度计算式为

$$\omega_x=\omega_{x'} \tag{7-11}$$

$$\omega_y=\omega_{y'} \tag{7-12}$$

$$\omega_z=\omega_{z'} \tag{7-13}$$

载体与飞行器各输出各角度计算式为

$$\psi=\int_0^t \omega_{z'}\mathrm{d}t \tag{7-14}$$

当 ψ 为正时，表示载体航向偏左；反之，表示载体航向偏右。

$$\theta = \sin^{-1} \frac{a_y - R_x \omega_y^2}{g} \tag{7-15}$$

$$\gamma = \sin^{-1} \frac{a_x - R_y \omega_x^2}{g} \tag{7-16}$$

式中，R_x、R_y 在与载体进行安装时确定，在未确定时，均为零。

当横滚角 θ 为正时，表示载体右舷低于 xOy 基准面；反之，表示载体右舷高于 xOy 基准面。

当俯仰角 γ 为正，表示载体舰首低于 xOy 基准面；反之，表示载体舰首高于 xOy 基准面。

7.5 基于 MEMS 惯性传感器姿态测量的误差分析、补偿与信号处理

在基于 MEMS 惯性传感器姿态测量系统中，由于 MEMS 惯性传感器零位误差、g 值误差、非正交项温度误差、输出信号噪声的影响，导致各种姿态量测量精度降低，可通过数字式滤波技术、温度误差补偿技术，在 MEMS 惯性传感器数据源端对各种误差进行分析、实时动态补偿，以提高各惯性量的测量精度，系统主要误差补偿项目如表 7-7 所示。

表 7-7　系统主要误差补偿项目

序 号	角 增 量	速度增量	角速度	视加速度
1	零位误差	零位误差	零位误差	零位误差
2	噪声误差	噪声误差	噪声误差	噪声误差
3	与 g 值有关的误差	非正交误差	非正交误差	温度误差
4	非正交误差	温度误差	温度误差	—
5	温度误差	—	—	—

7.5.1 零位误差补偿技术

基于 MEMS 惯性传感器的姿态测量系统使用了 MEMS 惯性传感器，其

零位误差较大。在静态标定时，通常采用实时零位补偿技术，对启动时间内的零位进行实时补偿。

在应用过程中，由于载体处于运动状态，需要根据各输入轴的实际情况进行补偿。在舰船载体中，可以采用在横滚、纵摇一个往复周期内 MEMS 加速度计加速度输出为零的方案，对加速度通道启动零位补偿，同时，加速度计测量的是实时的重力场加速度，在系统进行标定完成后，加速度计输出与横滚角、纵摇角呈正弦函数关系，对横滚、纵摇输出角速度通道进行零位补偿。对于航向角速度通道，通过飞行器固定角速度旋转输出的固定角度，对航向角速度通道进行零位补偿。

7.5.2 与 g 值有关误差、非正交误差及温度误差补偿技术

MEMS 惯性传感器主要利用哥氏效应原理，与 g 值有关误差是 MEMS 惯性传感器的固有误差。非正交误差是惯性传感器安装在敏感支架上，由于敏感器件输入轴与敏感支架的结构安装引起的误差。在姿态测量系统中，较其他惯性传感器，温度对 MEMS 惯性传感器影响较大。由于陀螺仪、加速度计为 MEMS 惯性传感器，其发热较小，系统主要热功耗来源于 DSP 等各种信息处理器件，因此，通常采集信息处理电路的温度作为系统温度信号，通过 ARM 处理器芯片 SPI 接口读取温度，温度检测原理如图 7－21 所示。

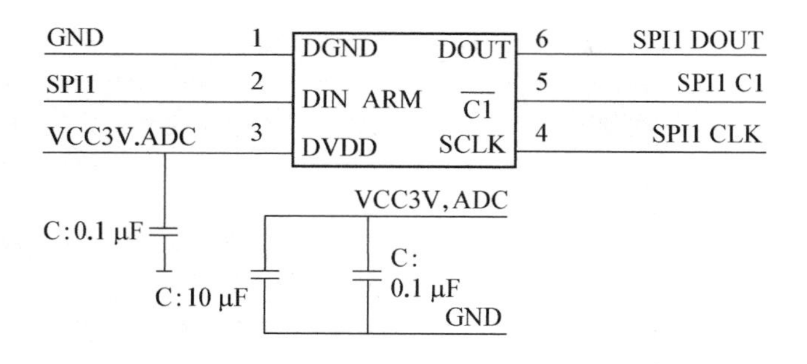

图 7－21　温度检测原理

上述误差都是系统静态工作误差，可以通过对系统进行高低温位置、速度标定，得出误差系数，通过系统工作软件进行补偿。其误差系数及补偿原理可以参考惯性测量技术中的各角速度、速度通道的误差模型及补偿原理。

7.5.3 信号处理技术

在基于MEMS惯性传感器的姿态测量系统中，利用MEMS陀螺仪、MEMS加速度计进行角速度、速度测量，其输出因其带宽限制，无论是模拟量还是数字量，其中包含了各种各样的干扰、误差等。在实际应用中，需对MEMS陀螺仪、MEMES加速度计输出数据源进行滤波降噪处理，缩短延迟周期，抑制噪声信号，剔除奇异数据和修正误差，提高信号的信噪比，从而提高测量精度。目前，卡尔曼滤波、小波分析降噪为主要的信号滤波手段。

1. 卡尔曼滤波

卡尔曼滤波是卡尔曼(Kalman)于1960年提出的从与被提取信号有关的观测量中通过算法估计出所需要信号的一种滤波算法，它把状态空间的概念引入随机估计理论，将信号过程视为白噪声作用下的一个线性系统的输出，用状态方程来描述这种白噪声作用下的线性系统输入-输出关系。在估计过程中，利用系统状态方程、观测方程和白噪声激励(包含系统噪声和观测噪声)的统计特性形成滤波算法，由于在滤波算法中，所用的信息都是时域内的量，因此可以对平稳的一维的随机过程进行估计，同时也可以对非平稳的、多维随机过程进行估计。

在工程实际中，卡尔曼滤波是一个动态递归的过程，是由计算机实现的一套实时递推算法，处理的对象是随机信号，利用系统噪声和观测噪声的统计特性，以系统的观测量为滤波器的输入，滤波器的输出为系统的状态或参数所需的估计值，通过时间更新和观测更新算法将滤波器的输入与输出联系在一起，根据系统方程和观测方程估计出所有需要处理的信号。因此，工程中卡尔曼滤波是一种最优估计方法，与常规滤波的含义与方法完全不同。卡尔曼滤波去除噪声的基本原理是利用上一时刻的最优状态估计值和当前时刻的测量值对当前的最优状态估计值进行计算，在预先知晓各测量方案噪音状态的情况下，通过计算得到概率意义上的原始测量数据。

2. 小波分析降噪

近年来，在工业控制与信号处理领域，小波分析降噪得到广泛应用。在此之前，因小波变换的非因果性及不具备平移不变性，难以实现递推计算，小波分析降噪的应用并不广泛。另外，使用小波分析降噪的计算量较大，一般软件不能满足实时处理要求。因此，在早期的信号处理中，通常采用离线分析方法，将取得的大量数据使用 PC 机进行小波分析降噪，得出分析结果。但这种离线分析降噪方法实时性较差。

随着高速 DSP 性能的完善与软件效率不断提高，在兼顾降噪水平和信号处理速度的前提下，可采用高速 DSP 以及适当的小波分析降噪算法，实现准实时降噪。这种准实时降噪方案可以保留离线小波分析降噪的主要优点，能满足绝大多数系统的实时需要，解决动态系统的控制和辨识等问题[20]，同时兼顾降噪水平和信号处理速度。

小波降噪技术的计算速度取决于小波变换及其逆变换的速度，在准实时小波变换中优先采用快速离散小波变换算法和多尺度（多分辨率）Mallat 小波变换算法。在多尺度算法中，每次参与小波变换的数据量必须是 2 的整数次幂。

在 MATLAB 小波变换工具箱中，MATLAB 连续小波变换的实现代码如下：

```
precis = 10; //对小波函数积分精度进行控制
signal = signal(: )';
len = length(signal);
coefs = zeros(length(scales), len);
nbscales = length(scales);

[psi_integ, xval] = intwave(wname, precis);          /*小波积分序列计算*/
wtype = wavemngr('type', wname);
if wtype= =5 , psi_integ = conj(psi_integ); end     /*复小波判断,取共轭*/

xval = xval-xval(1);
dx = xval(2);
xmax = xval(end);
ind = 1;
for k = 1: nbscales                           /*循环计算各种不同尺度的小波系数*/
    a = scales(k);
    j = [1+floor([0: a*xmax]/(a*dx))];
```

```
    if length(j) = = 1 , j = [1 1]; end
    f = fliplr(psi_integ(j));
coefs(ind, : ) =-sqrt(a) * wkeep(diff(conv(signal, f)), len);
  ind = ind+1;
end
```

在工程应用中，某一尺度下的小波相当于带通滤波器，实际的信号都有带宽限制，在频域带通滤波器中必须与所分析的信号存在重叠，此时将小波频谱中能量最多的频率近似作为小波的中心频率，通过选择合适的尺度，使中心频率始终在被分析的信号带宽之内。

针对姿态测量系统横滚、纵摇姿态角输出信号进行处理，其 C 语言仿真流程如图 7－22 所示。

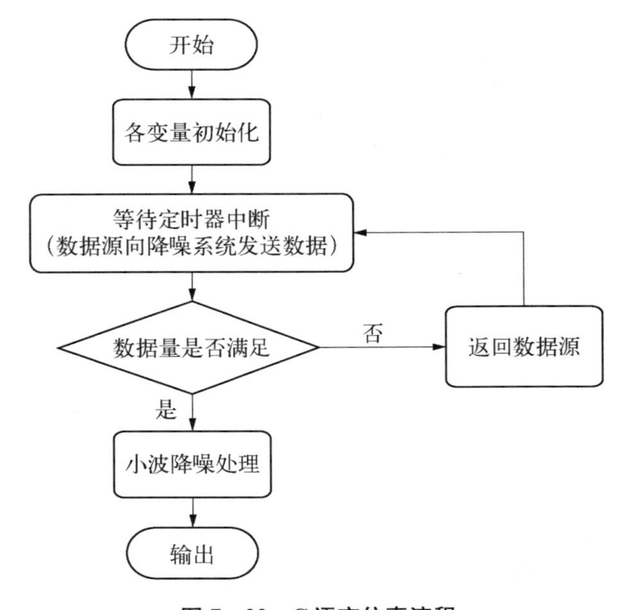

图 7－22　C 语言仿真流程

在常温下采集姿态测量系统 MEMS 陀螺仪的零位漂移进行实验分析，评判去噪的标准不仅包括去噪声的效果，用原始信号和去噪后的信号之间的相似程度 γ 评判，还包括去噪前后的信号相移，用到达时间 t_a 的误差 Δt 分析。其中，共采集 10 000 多个原始信号样本点，取其中 8 000 多个进行滑动窗口降噪分析，原始信号如图 7－23 所示。

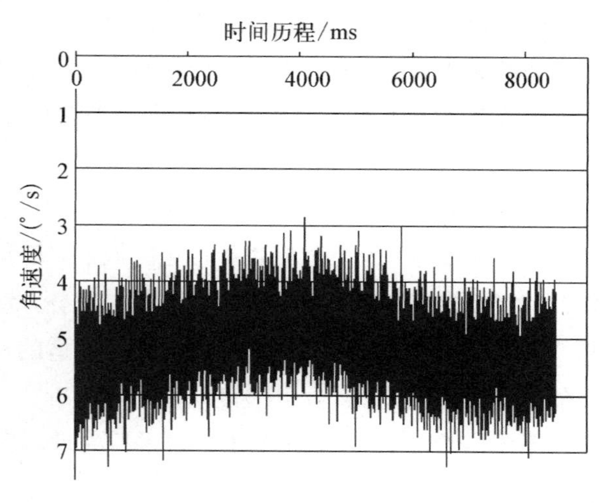

图 7-23　陀螺 X 轴 5°/s 输出

从图 7-23 可以看出信号干扰特别大，噪声范围集中在 3.2°之内，横坐标带条为采样时间，采样时间为 10 ms。经过多次实验对比分析，采用 Haar 小波进行降噪的效果优于 Daubechies 小波和 Morlet 小波。如图 7-24 所示为采用 Haar 小波进行降噪的效果，小波分解深度为 6 层，滑动窗口选择 512 个样本点。

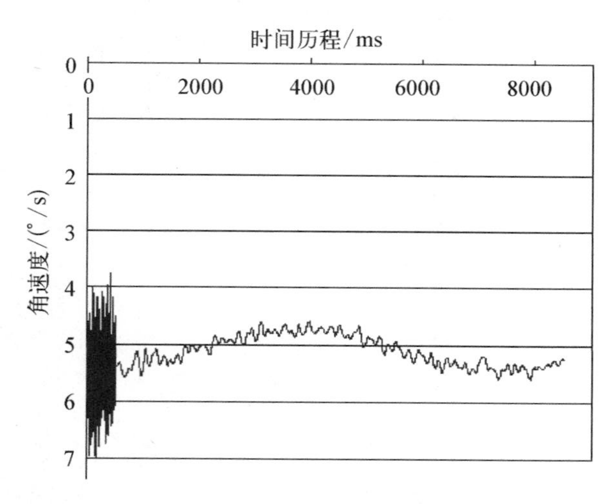

图 7-24　小波降噪效果

显而易见，降噪后效果非常明显，噪声范围缩小到 0.4°，降噪效果达到 8 倍，图 7-24 前面部分为准备时间，未达到 512 个数据样本点，可不进行降噪处理,达到 512 个样本点后以 512 为固定窗长度的滑动窗口进行降噪。不仅采集了陀螺仪速率输出,而且还采集了 y 轴加速度计通道零位输出,原始信号图如图 7-25 所示。

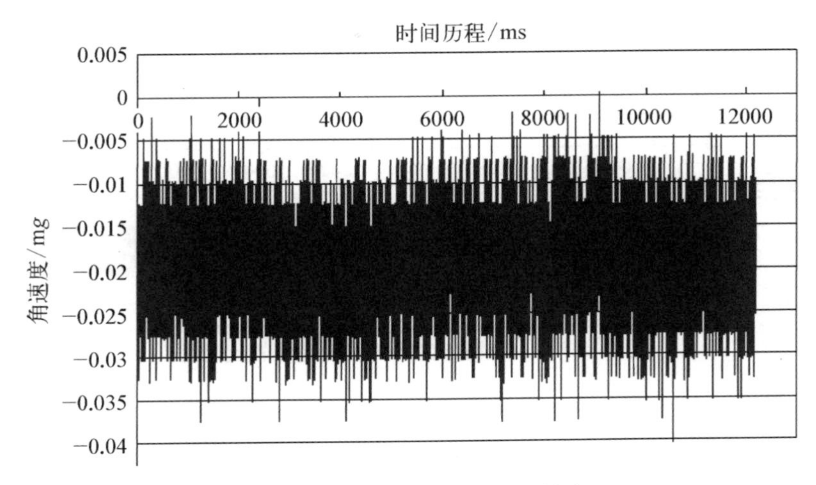

图 7-25 加速度计 *y* 轴零位输出

采用 Haar 小波,滑动窗口宽为 1 024 个样本点,采用 6 层分解。降噪效果如图 7-26 所示。

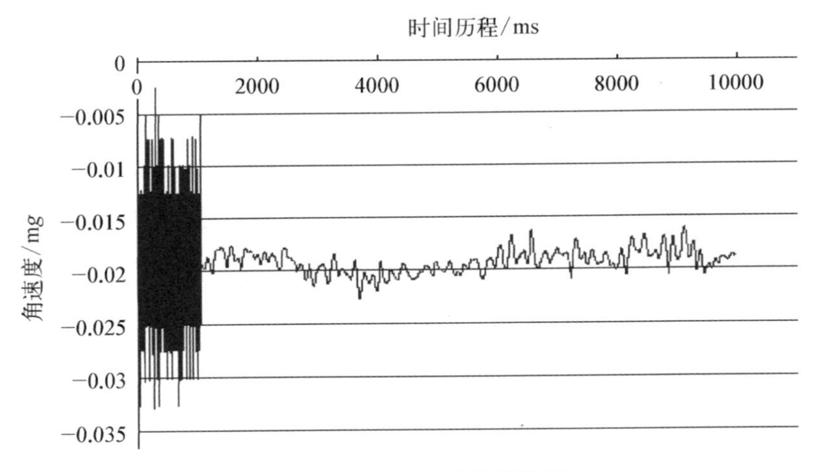

图 7-26 Haar 小波降噪效果

从图 7-26 可知,噪声从大于 45 mg 抑制到 5 mg 之内,噪声信号衰竭比例大于 9。为了有效地分析降噪效果所产生的相移,特选择如图 7-27 所示的尖峰干扰信号。

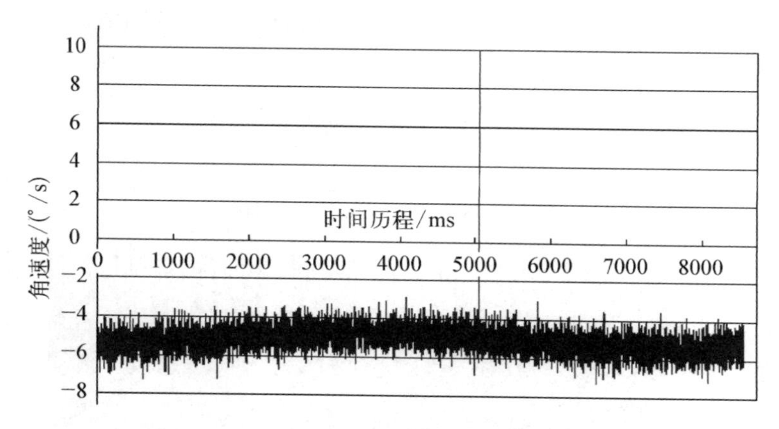

图 7-27 人为增加尖峰干扰的陀螺输出信号

原始信号在第 5038 号样本点处设置一个能量很大的脉冲干扰，为了分析滤波器所产生的相位滞后，特设置软阈值进行降噪，保留尖峰干扰的局部特性以便分析，降噪后效果如图 7-28 所示。

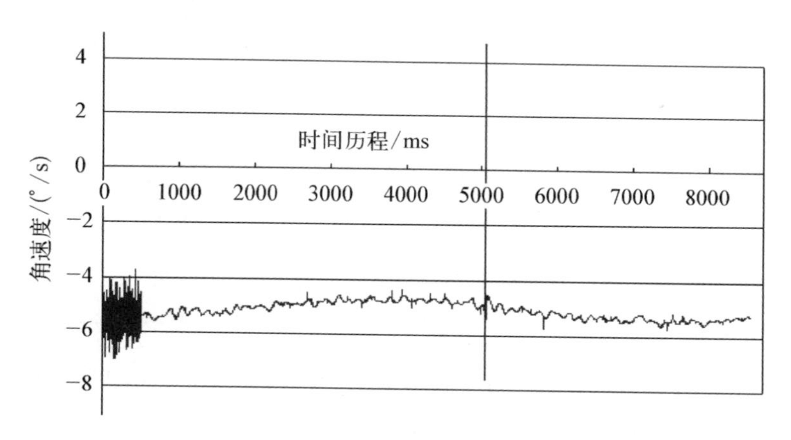

图 7-28 软阈值降噪后的输出信号

通过软阈值降噪后的图像保留了尖峰干扰的局部特性，现尖峰脉冲处在第 5039 号样本点处，可见，小波降噪对信号有一个采样周期的相位滞后。根据 PC 机和 DSP 的仿真结果，小波分析降噪对于 MEMS 陀螺仪和 MEMS 加速度计微惯性传感器的噪声抑制能力能达到约 1 个数量级，在载体摇摆试验中，姿态测量系统姿态角输出小于 0.1°，噪声能够得到有效抑制。

7.6　基于 MEMS 惯性传感器姿态测量的系统软件

7.6.1　数字信号处理架构

在硬件方面，数字信号处理架构有 DSP、DSP＋FPGA 等，DSP、FPGA 芯片种类繁多，根据系统使用场景、成本等，选择不同主频的 DSP、FPGA 芯片。TMS320C6000 是一款应用广泛，普通、典型的 DSP 芯片，包括 TMS320C62XX 定点系列和 TMS320C67XX 浮点系列，两者相互兼容。最早推出的 C6201 的运算速度已达到 1 600 百万条指令每秒（million instructions per second, MIPS），首次突破 100 MIPS，在数字信号器处理能力上创造了新的里程碑。TMS320C6000 系列 DSP 最主要的特点是在体系结构上采用了超长指令字（very long instruction word, VLIW）体系结构。VLIW 体系结构由一个超长的机器指令字来驱动内部的多个功能单元，每个指令字包含多个字段（指令），字段之间相互独立，各自控制一个功能单元，一次可以单周期发射多条指令，实现很高的指令级并行效率。编译器在对汇编程序进行编译的过程中，决定代码中哪些指令合成一个 VLIW 机器指令，在一个周期中并行执行。这种静态并行安排指令一旦确定，无论 DSP 何时运行，都保持不变。VLIW 体系结构也可以作为一种依赖于编译器的超标量实现方案，而且比一般的超标量结构更易于实现。另外，C6000 的 VLIW 采用了类精简指令集计算机（reduced instruction set computer, RISC），使用大的统一的寄存器堆，结构规整，具有潜在的易编程性和良好的编译性能，在科学应用领域发挥良好的作用。C6000 具有友好的高级语言编译器，其中央处理器的结构和编译器的开发配合良好，将算术运算和存储操作分开，可以使处理器的吞吐量达到最大。与 RISC 类似的指令集，以及流水线操作的广泛使用，使许多指令可以并行地安排和执行。由于数据通道、寄存器组和指令集的正交特性，编译器所受到的限制很小，有利于复杂算法的实现。

7.6.2　软件工作流程

基于 MEMS 惯性传感器的姿态测量软件，首先在主机上运行串行加载程序，在固件程序上电后，立即设置串口，并查询主机是否有上传系数的请求。

如果有请求，就跳转到第一级串行加载程序，通过串口将二级串行加载程序加载到其内部存储器中，二级串行加载程序可以实现与主机的通信及存储器的擦写、编程。当二级串行加载程序加载成功后，其将接管 DSP 的内核操作，负责接收误差系数数据，并对存储器编程，把数据烧写到片内第二片存储器中，重新上电运行固件程序。

外部数据采集接口程序，用于上传误差补偿系数、系统工作软件的异步串行接口程序，误差补偿处理程序下载软件包来完成误差系数和软件上传。异步串行口程序下载用的软件分为 3 个部分：一级串行加载程序、主机串行通信程序、二级串行加载程序。其中，一级串行加载程序代码嵌入在误差补偿软件中。

如果没有请求，就关闭串口中断，进入中断服务程序，进行数据采集，DSP 芯片通过 XF（即 DSP 芯片的外部标志输出引脚）启动 AD7656 进行高速信号处理，转换完毕后将其读入，然后进行相关补偿运算，运算结果按规定格式输出至 RS422 通信口，软件在下次复位或重新上电前不再中断正运行的任务，而可接收任何请求。软件工作流程如图 7－29 所示。

7.6.3 接口关系

基于 MEMS 惯性传感器的姿态测量系统接口包含 A/D 数据接口（alternating/directing interface, ADI）、补偿数据上传接口（compensation data upload interface, CI）和串行通信接口（serial communication interface, SCI）。ADI 用于采集角速度通道、加速度通道以及温度数据；CI 用于上传误差补偿系数、系统工作软件；SI 通过串行通信接口按规定的帧格式输出数据，包含角速度信号、加速度信号、A/D 数据接口、ADI 温度信号、数字信号处理器、上传接口 CI 以及 SI 串行通信接口。系统软件各接口关系如图 7－30 所示。

7.6.4 软件处理流程

基于 MEMS 惯性传感器的姿态测量系统工作软件包含初始化 DSP 和外硬件电路、中断服务程序、AD 采集程序及误差补偿模块、数据解算模块、数据输出模块以及误差补偿系数等。为了便于误差系数上传、读写，一般将误差补

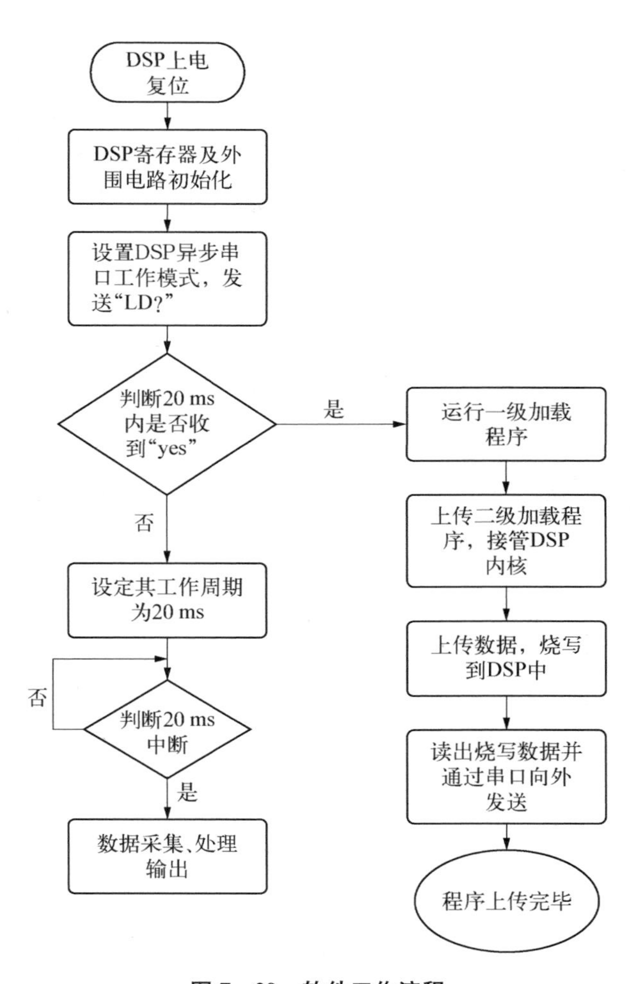

图 7-29　软件工作流程

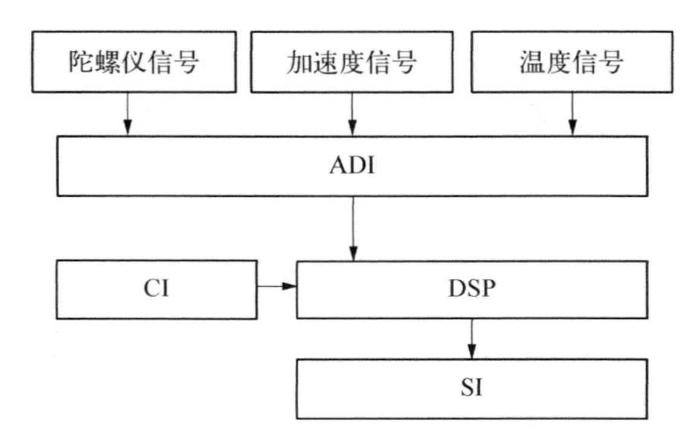

图 7-30　系统软件各接口关系

偿系数单独存放一片存储器中，其他程序放在另一片存储器中。软件处理流程如图 7-31 所示。

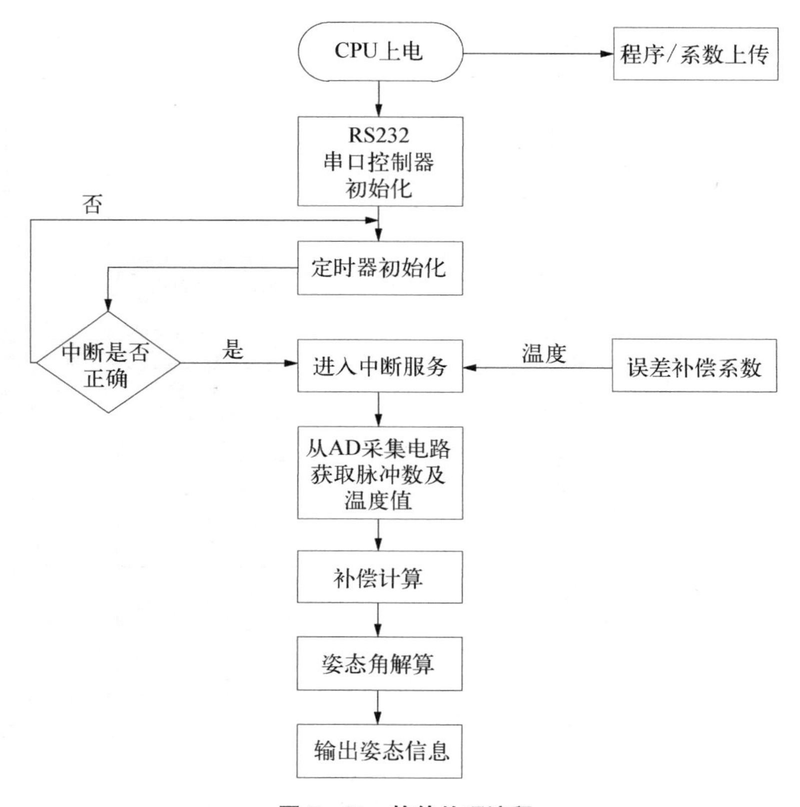

图 7-31　软件处理流程

串行通信接口发送的数据包具有固定的格式，包含帧头、数据块和校验字三部分。按基于 MEMS 惯性传感器的无人机机载系统软件通信协议，串行通信接口数据帧包含帧头、三轴角速度、航向角、横滚角、纵摇角以及数据校验和等。

7.6.5　软件代码

基于 MEMS 惯性传感器的无人机机载系统姿态测量系统软件代码，使用内联函数(intrinsic)代替复杂的 C 语言程序。在软件编程过程中，采用数据打包处理技术，对短字长的数据使用宽长度的存储器访问；优化 C 语言循环程序，使C语言程序编译出的代码性能显著提高。遵循DRY(don't repeat yourself)原则，根据姿态测量系统需求开展软件代码编译：

(1) 采用功能模块化设计思想进行软件编程。在验证软件系统功能时，应当对系统的模块逐个编程验证，以确保系统所用的各个模块基本功能正常，并记录各模块软件调试的方法与结果，以供系统整体调试时使用。

(2) 在工程中加入*.1ib文件，在文件库中包含C、C++运行时间支持函数，能够使用C语言进行小波降噪算法仿真。

(3) 在使用浮点时，通过利用编译开关产生的代码，方便利用硬件资源和浮点指令集。

采用DSP的C语言和汇编语言混合编写，将C语言、汇编语言混合编写DSP程序转换为可执行的DSP芯片目标代码，再将目标文件链接成.OUT文件。基于MEMS惯性传感器的无人机机载系统姿态测量系统软件代码详见附录B。

基于MEMS惯性传感器姿态测量系统使用了MEMS惯性传感器，其零位误差较大。在静态标定时，通常采用实时零位补偿技术，对启动时间内的零位进行实时补偿。

参考文献

REFERENCES

[1] 涂述荣，刘志强，宋丽君，等.2021 年国外惯性技术发展与回顾[J].导航定位与授时，2022，9(3)：1－19.

[2] 王巍.新型惯性技术发展及在宇航领域的应用[J].红外与激光工程，2016，45(3)：1－5.

[3] 李晓阳，王伟魁，汪守利，等.MEMS 惯性传感器研究现状与发展趋势[J].遥测遥控，2019，40(6)：1－21.

[4] 申冲.惯性基导航智能信息处理技术[M].北京：电子工业出版社，2019.

[5] 涂述荣，陈少春，高溥泽，等.2022 年国外惯性技术发展与回顾[J].导航定位与授时，2023，10(4)：69－80.

[6] 丁衡高.三十年不断发展的 MEMS 惯性传感器[J].导航与控制，2023，22(4)：1－4.

[7] 宋丽君，薛连莉，董燕琴，等.惯性技术发展历程回顾与展望[J].导航与控制，2021，20(21)：29－43.

[8] 薛连莉，翟峻仪，葛悦涛.2020 年国外惯性技术发展与回顾[J].导航定位与授时，2021，8(3)：59－67.

[9] 强锡富，胡生清，于晓洋，等.传感器[M].3 版.北京：机械工业出版社，2003.

[10] 朱建设.民机传感器系统[M].上海：上海交通大学出版社，2015.

[11] 秦曾煌.电工学[M].北京：高等教育出版社，2011.

[12] 宋强，张烨，王瑞.传感器原理与应用技术[M].成都：西南交通大学出版社，2016.

［13］ 朱自勤，林锦实，齐卫红，等.传感器与检测技术［M］.北京：机械工业出版社，2005.

［14］ 陈圣林，侯成晶.图解传感器技术及应用电路［M］.北京：中国电力出版社，2009.

［15］ 毛奔，林玉荣.惯性器件测试与建模［M］.哈尔滨：哈尔滨工程大学出版社，2007.

［16］ 张红梅，柳红伟，刘昕，等.红外制导系统原理［M］.北京：国防工业出版社，2015.

［17］ 杨立溪.惯性技术手册［M］.北京：中国宇航出版社，2013.

［18］ 付红坡，王晓东，苗风海.石英加速度计测试数据管理系统设计与应用［J］.自动化与仪表，2019，34(6)：79－81，86.

［19］ 赵焕玲.系统倾角动态测量误差的研究与应用［J］.贵州科学，2013，31(5)：36－38.

［20］ 赵君，刘卫国，谭博，等.基于小波降噪的 DSP 准实时实现研究［J］.计算机测量与控制，2008，16(12)：1931－1947.

索引

INDEX